AF438778

MÉMOIRE

SUR LES DIVERS PROCÉDÉS MIS EN USAGE

POUR REMPLACER,

DANS LES HAUTS-FOURNEAUX

ET LES FEUX D'AFFINERIE,

LE CHARBON DE BOIS
PAR LE BOIS

VERT, DESSÉCHÉ, OU TORRÉFIÉ.

Par M. BINEAU,

INGÉNIEUR DES MINES.

Extrait du Tome XIII des Annales des Mines.

PARIS,

CHEZ CARILIAN - GOEURY, LIBRAIRE

DES CORPS ROYAUX DES PONTS ET CHAUSSÉES ET DES MINES,

Quai des Augustins, n. 41.

1838.

PARIS. — IMPRIMERIE ET FONDERIE DE FAIN,
Rue Racine, n. 4, place de l'Odéon.

MÉMOIRE

Sur les divers procédés mis en usage pour remplacer, dans les hauts-fourneaux et les feux d'affinerie, le charbon de bois par le bois vert, desséché, ou torréfié;

Par M. BINEAU, Ingénieur des mines.

Jusqu'à ces derniers temps le bois n'a été employé dans les usines à fer qu'après sa conversion en charbon, quoique cette conversion lui fasse perdre une partie considérable des principes combustibles qu'il renferme.

La carbonisation, telle qu'elle est pratiquée dans les forêts, perd environ 56 p. 0/0 (1) de la quantité de carbone que renferme le bois, soit 56 p. 0/0 de sa valeur calorifique, en ne tenant pas compte de la quantité de chaleur nécessaire pour vaporiser l'eau hygrométrique de ce bois,

(1) Le bois vert, deux ou trois mois après qu'il a été abattu, c'est-à-dire au moment où on le carbonise en forêt, contient environ 34 p. 0/0 de carbone; or, cette carbonisation ne rend qu'environ 17 p. 0/0 en poids, et le charbon qui en résulte n'est pas du carbone pur, et équivaut seulement à 88 p. 0/0 de carbone. Ainsi, par la carbonisation ordinaire, on n'obtient du bois que 15 p. 0/0 de carbone tandis qu'il en renferme 34. La perte est donc de 56 p. 0/0 de la quantité de carbone, soit 56 p. 0/0 de la valeur calorifique, puisque le bois peut être considéré comme composé de carbone et d'eau, et que la quantité de chaleur qu'il produit est précisément la même que celle qui serait due uniquement à la combustion du carbone.

et 48 p. o/o en tenant compte de cette quantité (1).

Cette perte est due à deux causes : l'imperfection des procédés de carbonisation et la composition même du bois , qui est telle que l'on ne peut en extraire le charbon qu'il renferme sans en perdre une partie notable , l'eau de combinaison ne pouvant se dégager sans entraîner avec elle du carbone.

Plusieurs moyens ont été proposés à diverses époques pour améliorer la carbonisation et augmenter son rendement; mais ces procédés, ou n'étaient pas applicables en grand dans des forêts, ou une fois qu'ils y étaient appliqués sans surveillance ne rendaient pas plus que le procédé habituel. Du reste, quand même on pourrait réaliser cette amélioration, il resterait encore la perte de valeur calorifique qui est due à la seconde cause, c'est-à-dire à l'impossibilité d'expulser l'eau de combinaison sans qu'elle entraîne une partie de la matière charbonneuse.

---

(1) Le pouvoir calorifique de 1^k. de carbone pur est de 7.815 calories.

Celui de 1^k. de charbon de bois , contenant 88 p. 0/0 de carbone , est donc de 6.880.

1^k. de bois vert contient environ 0,35 d'eau hygrométrique, qui, à raison de 7 parties d'eau évaporées par 1 de carbone , exigent 0,05 de carbone ; ainsi ce bois contenant 0,34 de carbone, il en restera 0,29 qui pourront être utilisés , et qui, à raison de 7.815 calories par kilogramme, mettent la caloricité de ce bois à 2.270.

Ce bois ne donne que 0^k,17 de charbon , qui, à raison de 6.880 par kilogramme, font 1.170 calories.

Ainsi le bois qui contient 2.270 calories donne par la carbonisation une quantité de charbon qui n'en renferme plus que 1.170, la perte est donc de 48 p. 0/0.

Ces deux causes, et la nécessité toujours croissante d'économiser le combustible, ont fait rechercher s'il ne serait pas possible d'employer pour la fabrication de la fonte et du fer, au lieu de charbon de bois, le bois à son état naturel, ou du moins après une carbonisation incomplète qui ne lui ferait perdre qu'une faible partie de sa valeur calorifique.

L'emploi du bois vert a été essayé dans un haut-fourneau de Russie, vers 1830, dans un haut-fourneau de Suisse et deux hauts-fourneaux d'Amérique, en 1834; et quoique les résultats économiques de ces essais fussent peu concluants, à cause de la trop grande quantité de charbon de bois que brûlaient auparavant ces fourneaux, il en est résulté du moins un fait important, la certitude de la possibilité métallurgique de l'emploi partiel de ce combustible, c'est-à-dire de la possibilité de développer dans les hauts-fourneaux le degré de température nécessaire, sans donner lieu aux accidents que l'on pouvait craindre.

Ce fait métallurgique une fois hors de doute, ou du moins à peu près certain, on pouvait espérer de l'emploi du bois une économie notable, si non d'argent, au moins de combustible, et il y avait à rechercher les conditions les plus favorables à cet emploi.

Des essais assez nombreux ont été faits en France depuis 1835, et il en est résulté, dans plusieurs usines, une pratique régulière et usuelle de l'emploi du bois vert.

En même temps un des maîtres des forges les plus éclairés de la Franche-Comté, qui exploite dans cette contrée un très-grand nombre d'usines à fer, essayait d'employer le bois après lui avoir enlevé, par une dessiccation préalable, l'eau hygrométrique qu'il renferme. Ces essais n'ont pas encore conduit, pour les hauts-fourneaux du moins, à une pratique tout à fait régulière exempte de difficultés et d'accidents.

Enfin, à la même époque, MM. Houzeau-Muiron et Fauveau - Deliars faisaient dans les Ardennes l'essai et l'application d'un nouveau procédé de carbonisation opéré en vasés clos, au moyen de la chaleur perdue du gueulard, et qui, faisant éprouver au bois une distillation bien moins avancée que celle qui a lieu en forêt, produit un combustible intermédiaire entre le bois desséché et le charbon de forêt. L'emploi de ce bois demi-carbonisé ou torréfié est devenu usuel, et s'est répandu déjà dans plusieurs usines, où il donne des résultats fort avantageux.

Ces procédés nouveaux sont d'une très-grande importance pour l'industrie du fer, et il importe de les faire connaître pour en propager l'emploi.

Les premiers essais de Suisse et d'Amérique ont été étudiés et décrits, à l'origine, par MM. Combes et Michel Chevalier; le procédé des Ardennes a été publié à l'origine par M. Virlet, et en dernier lieu décrit par M. Sauvage tel qu'il est pratiqué au fourneau d'Harraucourt. Il restait à étudier et à décrire l'emploi du bois vert en France, et l'emploi du bois desséché, à recueillir les derniers résultats de l'emploi du bois torréfié, enfin à coordonner et rapprocher les divers résultats, afin d'apprécier et de comparer les divers procédés.

M. le directeur général des ponts et chaussées et des mines a bien voulu me confier cette mission; pour la remplir, j'ai visité en octobre et novembre 1837 toutes les usines dans lesquelles le bois a été essayé ou employé à ses divers états ; je vais consigner ici le résultat de mes observations.

Partout j'ai trouvé, chez MM. les maîtres de forges, une obligeance extrême et presque toujours toutes les facilités désirables pour étudier leurs procédés et discuter les résultats qu'ils ont obtenus, je leur en fais ici mes remercîments.

Ce travail sera divisé en quatre parties relatives : la première au bois vert, la deuxième au bois desséché, la troisième au bois torréfié, la quatrième à la comparaison des trois procédés, et à l'appréciation de l'influence qu'ils peuvent exercer sur l'industrie du fer.

PREMIÈRE PARTIE.

DU BOIS VERT.

CHAPITRE Ier.

DÉCOUPAGE DU BOIS VERT.

Le bois vert est découpé de la même manière, qu'il soit destiné à être employé à cet état, ou qu'il soit destiné à être torréfié ; ainsi, ce chapitre est commun à l'emploi du bois vert et à l'emploi du bois torréfié ou demi-carbonisé.

Dimensions des bûchettes.

Le bois est généralement coupé en morceaux de 0^m,13 à 0^m,18 de longueur, et on ne refend que les bûches qui ont plus de 0^m,1 de diamètre, de sorte que le bois taillis présente très-peu de morceaux à refendre.

Dans quelques usines la division est poussée plus loin : à Senuc, par exemple, la longueur est de 0^m,16 pour le haut-fourneau, et de 0^m,10 pour la forge, et on refend tous les morceaux qui ont plus de 0^m,04 de diamètre.

Dans d'autres usines, au contraire, on a laissé aux bûches de plus fortes dimensions. Au haut-fourneau de Farincourt, on a d'abord mis du bois de 0^m,15, puis de 0^{m}20, puis de 0^{m}30, et on a continué à avoir une bonne allure ; avec des bûches de 0^m,60 de longueur, on a eu des chutes de minerai, et on est revenu à une longueur de 0^m,15 à 0^m,20.

Au haut-fourneau de Plons (Suisse), la longueur des bûches était de o^m,35 ; à Westpoint et
Stockbridge (Amérique), de o^m,3o à o^m,6o ; à
Sumbola (Russie), de 1^m,4o. Ces longueurs sont
évidemment beaucoup trop grandes et ont plusieurs inconvénients, entre autres celui de faciliter
les chutes de minerai en augmentant les vides
laissés entre les bûches.

On peut admettre que, pour l'usage du haut-
fourneau, le mieux est de donner aux bûches o^m,15
de longueur, et de refendre toutes celles dont le
diamètre dépasse o^m,o8 : pour la forge, la division
doit être poussée un peu plus loin.

Rapport du volume du bois cordé à celui du bois découpé.

Pour l'emploi, le bois découpé est mesuré dans
des rasses ou paniers d'osier, pareils à ceux dont
on se sert pour le charbon ; dans ces rasses il n'est
pas arrangé régulièrement, les bûchettes posées
les unes sur les autres, mais il est jeté irrégulièrement comme le charbon. Ainsi mesuré, le bois
découpé peut avoir un volume différent de celui
du bois cordé d'où il provient.

Si le bois est droit et en gros morceaux, le découpage augmente le volume, parce que, entre les bûchettes entassées pêle-mêle, il existe
plus de vide qu'entre les bûches dressées ; si, au
contraire, le bois est petit et tortu, le découpage
peut ne pas augmenter le volume et peut même
le diminuer. Du reste, pour chaque espèce de

bois cette modification de volume dépend encore de la manière dont les bûches étaient dressées dans la corde, de la longueur de ces bûches et des dimensions des bûchettes qui en proviennent. Dans la plupart des usines on ne s'est pas occupé de cette modification de volume, et on s'est borné à constater par expérience combien la corde de bois dressé en forêt rend de rasses ou de paniers de bois découpé. Cette méthode est suffisante du point de vue économique ; cependant, il est nécessaire de connaître quel rapport existe entre le volume du bois découpé et le volume du bois cordé d'où il provient, soit afin d'apprécier les roulements des usines dans lesquelles la consommation serait indiquée seulement en volume de bois découpé, soit afin d'avoir les moyens de discuter et de vérifier les nombres qui, dans les autres, sont indiqués pour le rendement de la corde en rasses ou paniers.

Je vais citer divers exemples et expériences relatifs au taillis et au bois de haute-futaie.

Bois taillis. A Farincourt, une corde de 90 pieds cubes, cordée en forêt, avait, six mois après cordée à l'usine et mieux dressée, 81 pieds cubes, et a donné 90 pieds cubes de bois découpé, à 0^m,15 ou 0^m,20 de longueur et non refendu.

A Brazey, une corde de 64 pieds cubes, cordée à l'usine, a donné 28 paniers de 2 $\frac{1}{2}$ pieds cubes l'un, soit 70 pieds cubes ou 109 p. o/o de bois de 0^m,16 de longueur, et non refendu. Ce bois avait été cordé à six mois de coupe, et mieux dressé qu'en forêt, de sorte qu'on admet que le bois découpé occupe le même volume que celui qu'il avait étant cordé en forêt.

D'après deux expériences faites à ma demande à la forge d'Oberbruck, par M. Stehelin :

1 corde de rondin noueux et tortu, très-bien dressée à l'usine, et cubant 112 pieds cubes, a rendu 119 pieds cubes de bois découpé en bûchettes de 0^m,10 de longueur, et refendues assez fin pour l'usage de la forge : soit 106 p. o/o.

1 corde du même bois dressée, comme on le fait en forêt, a rendu 115 pieds de bois découpé de la même manière : soit 102,6 p. o/o.

A Harraucourt, la corde de $3^{st\cdot}$,11, cordée en forêt, a donné pour moyenne d'une année 31 $\frac{2}{3}$ rasses de $0^{m\cdot c\cdot}$11 l'une, ou $3^{m\cdot c\cdot}$,8 : soit 112 p. o/o.

A Senuc, on admet que la corde de $2^{st\cdot}$ de bois, cordée en forêt, donne de 23 à 24 rasses de $\frac{1}{10}$ de mètre cube l'une. J'admettrai 23, soit 115 p. o/o, et c'est encore beaucoup. Il est vrai que dans cette usine le bois est découpé plus menu que dans les autres ; et que d'ailleurs les bûches n'y ayant que 0^m,70 de longueur, s'y dressent mieux que dans les usines où elles ont une plus grande longueur.

On voit qu'il y a d'assez grandes variations dans ces rapports de volume, et ces variations viennent de la nature du bois, du soin avec lequel il est dressé, et des dimensions des bûches et bûchettes. En considérant le bois cordé en forêt (et c'est à cet état qu'il faut le considérer, puisque c'est à cet état que se rapportent les prix d'achat et les comparaisons à établir avec la quantité de charbon qu'il eût pu donner), on peut admettre en général que 100 de bois cordé, donnent de 100 à 110 de bois découpé en bûchettes de dimensions moyennes.

Du reste, dans ce mémoire j'admettrai, pour chaque usine, les nombres qui lui sont propres.

Bois de futaie. Les bois de futaie qui sont en très-gros quartiers, et surtout les bois résineux qui, en général parfaitement droits, se dressent avec beaucoup moins de vides que les autres bois, augmentent beaucoup de volume par le découpage.

D'après les essais que MM. de Dietrich ont bien voulu faire faire à ma demande dans leur usine de Jagerthal (Bas-Rhin), 4$^{st.}$ de gros quartiers de hêtre, cordés à l'usine, ont donné 5$^{m.c.}$ de bois découpé en morceaux de 0$^{m.}$,16 de longueur et refendu, soit 125 p. o/o; et 4$^{st.}$ de bois de pin, cordés à l'usine, découpés et refendus de même, ont donné 5$^{m.c.}$,12 debois découpé, soit 128 p. o/o.

Moyens de découper le bois.

Le découpage du bois se compose de deux opérations, la fente et la division dans le sens de la longueur.

Fente. La fente se compose de deux parties: la première qui a lieu comme pour le bois de charbonnage, et qui s'opère en forêt sur les très-grosses bûches provenant des futaies ou des réserves; la seconde qui a lieu à l'usine, et est pratiquée sur les bûchettes.

La première se fait, comme à l'ordinaire, avec des coins et une masse; la seconde se fait à l'usine, à l'aide d'une petite hache à main. L'ouvrier chargé de cette opération travaille ordinairement assis par terre, et il fend les morceaux en les tenant verticalement d'une main, et frappant de l'autre avec la hachette. Je n'ai rien à dire de ces opérations, qui sont peu susceptibles de l'application d'une force mécanique.

La division, dans le sens de la longueur, s'opère avec la hache à main, la scie à main, la scie circulaire, la cisaille ou le hache-bois.

La hache à main a deux inconvénients; elle consomme beaucoup de main-d'œuvre, et de plus, pour tous les morceaux qui ne peuvent être coupés d'un seul coup, elle produit un déchet considérable à cause des copeaux qui sortent de l'entaille.

La hache à main est encore employée dans les usines d'Harraucourt et de Vendresse.

La scie à main dépense autant de main-d'œuvre que la hache à main; et comme il n'y a qu'un petit nombre de bûches qui puissent être coupées d'un seul coup, elle fait moins de déchet que la hache.

La scie à main est encore employée dans les usines de Fallon, Saint-Loup, Mutterhausen.

Du reste, ces deux modes de travail sont évidemment défavorables, ils ne doivent être employés que pour essai, et doivent être remplacés par des moyens mécaniques aussitôt que l'emploi du bois est arrivé à l'état de pratique usuelle.

La scie circulaire est l'instrument le plus répandu, voici comment elle est établie:

Elle est montée verticalement, et tourne autour d'un axe horizontal qui reçoit le mouvement d'une roue hydraulique, au moyen de courroies qui s'enroulent sur une série de tambours de diamètres différents, de manière à donner à la scie la vitesse convenable.

A la hauteur de l'axe de la scie règne un tablier un peu incliné qui est en bois ou en fonte, et qui laisse passer au-dessus de lui la moitié seulement de la circonférence de la scie.

L'ouvrier saisit la bûche à scier et la présente, en la tenant des deux mains, par l'extrémité la plus éloignée du trait de scie, et l'avançant à mesure que ce trait s'approfondit.

Quand le trait de scie est achevé, la petite bûchette tombe le long du tablier incliné, et l'ouvrier recommence en présentant la bûche à un point convenable, dont il estime la position à vue d'œil. On pourrait donner aux bûchettes une longueur tout à fait uniforme en faisant buter la bûche contre le rebord du tablier; mais on ne le fait pas, parce que cette régularité est inutile, et parce que cette disposition empêcherait la bûchette de tomber d'elle-même aussitôt qu'elle est détachée.

Quand le diamètre ou l'épaisseur de la bûche est presqu'aussi considérable que la hauteur dont la scie s'élève au-dessus du tablier, c'est-à-dire que le rayon de la scie, un seul trait ne peut suffire pour couper la bûche, et alors l'ouvrier la retourne et la présente de l'autre côté dans le prolongement du trait de scie déjà ouvert.

Diamètre de la scie. Le diamètre de la scie est généralement de $0^m,40$, et ce diamètre est très-convenable, car il suffit pour scier d'un seul trait la presque totalité des rondins de taillis. Un diamètre plus grand aurait deux inconvénients, car comme il aurait pour conséquence nécessaire l'augmentation de l'épaisseur de la scie, et par suite de la largeur du trait de scie, il entraînerait une plus grande consommation de force motrice et un plus grand déchet. J'ai vu des scies circulaires de $0^m,60$ de diamètre appliquées à cet usage; cet emploi est très-mauvais pour le taillis , et convient à peine pour les grosses bûches ; car le plus souvent il y aura moins d'inconvénient à perdre un peu de temps pour retourner la bûche et la présenter successivement de deux côtés opposés, qu'il n'y en aura à augmenter la dépense de force motrice et le déchet.

Le travail de la scie et l'économie de main-d'œuvre qui en résulte croissent avec sa vitesse, mais ne croissent pas proportionnellement à cette vitesse ; dans le total du temps nécessaire pour scier une bûche il y a bien une partie qui décroît proportionnellement à l'augmentation de vitesse, c'est la partie pendant laquelle le sciage s'opère, mais il y en a une autre qui reste constante, c'est celle pendant laquelle l'ouvrier saisit le bois et le présente à la scie.

Pendant cette période, où la scie tourne à vide, elle ne peut, à défaut de volant, emmagasiner toute la force, et elle la dépense en accélération de vitesse ; pour cette raison, et aussi à cause du plus grand nombre des transmissions de mouvement, l'effet utile du moteur décroît à mesure que la vitesse augmente.

D'après cela , pour économiser la main-d'œuvre il faut donner à la scie une grande vitesse ; pour économiser la force motrice il faut lui donner une faible vitesse.

La main-d'œuvre étant toujours plus chère que la force motrice, les grandes vitesses doivent être adoptées, autant toutefois que le comporte la force disponible du moteur.

En général, les scies ont été placées sur la roue hydraulique de la soufflerie des hauts-fourneaux , dans quelques usines pourtant on a établi des roues spéciales, ainsi à Senuc, les Bièvres, et Montblainville. Il sera presque toujours plus économique de placer les scies sur le moteur de la soufflerie, mais pour cela il conviendrait dans la plupart des usines d'augmenter la force de ce moteur, qui est généralement insuffisant plutôt qu'il ne présente un excès de force disponible.

L'établissement des scies sur les roues hydrauliques des souffleries n'a pas permis, le plus souvent, de leur donner la force motrice nécessaire et par suite la vitesse convenable. Voici quelle est cette vitesse dans diverses usines pour des scies de $0^m,40$ de diamètre.

Au haut-fourneau de Breurey 400 tours par minute, à Massevaux 600, à Senuc 1.400, à Etravaux 1.500, à Montblainville 2.000, à Trecourt et Baumotte 3.000.

Travail de la scie. Ces grandes différences de vitesse entraînent avec elles des différences de travail et par suite de main-d'œuvre; mais, comme je l'ai dit, ces différences sont bien loin d'être proportionnelles aux différences de vitesse.

On peut admettre qu'avec une vitesse moyenne de 1.500 tours par minute, une scie circulaire de $0^m,40$ de diamètre débite en 24 heures 20 stères de bois cordé, en morceaux de 16 centimètres de longueur.

Ainsi, pour un haut-fourneau qui ne consommerait que du bois, soit vert soit torréfié et qui, faisant 3 tonnes (1) de fonte par jour, consommerait 36 stères de bois, à raison de 12 stères par tonne, il faudrait deux scies, et il conviendrait

---

(1) J'appellerai tonne les 1.000^k.

d'en avoir une troisième pour rechange. Dans quelques usines il n'y a qu'une scie circulaire, parce qu'elles n'emploient pas uniquement du bois, il y en a 2 dans les hauts-fourneaux qui en emploient une forte proportion ou la totalité.

Pour présenter le bois à la scie il ne faut qu'un homme par poste, soit deux pour les 24 heures. Chaque homme est assisté d'un ou deux enfants qui lui donnent les bûches et remplissent les paniers de bois découpé ou le portent aux fendeurs (1).

Aucune expérience n'a été faite sur la quantité de force motrice consommée par les scies circulaires adoptées depuis quelque temps dans les usines à fer.

Force motrice employée par la scie.

Il n'existe même qu'un très-petit nombre d'expériences sur les scies circulaires employées ailleurs au sciage des bois de charpente, toutefois de quelques expériences qui ont été faites sur ces dernières on peut, par analogie et approximativement, conclure qu'une scie circulaire établie comme il vient d'être dit, c'est-à-dire de $0^m,40$ de diamètre faisant 1.500 tours par minute, et débitant du bois vert d'essences mêlées, avec une largeur de trait de scie de 4 millimètres environ, exige un moteur dont la force disponible soit de 6 dixièmes de cheval mécanique (un cheval mécanique représente la force nécessaire pour élever en une seconde un poids de 75 kilogrammes à une hauteur de 1 mètre) (2).

---

(1) Avec la scie à main un ouvrier ne pourrait débiter en douze heures en morceaux de $0^m,16$ que 3 à 4 stères, avec la scie mécanique il en fait 10, soit environ trois fois plus.

(2) Des données d'une expérience rapportée par M. Morin

Cette force motrice est peu considérable; aussi dans la plupart des hauts-fourneaux a-t-on placé une et même deux scies sur la roue de la souffle-

---

(*Aide-Mémoire de mécanique-pratique*, pag. 292), on conclut qu'un moteur, dont la force disponible est d'un cheval mécanique, est susceptible, avec une scie circulaire de $0^m,70$ de diamètre, de scier en une heure une surface de $3^{m.c.}$, dans du chêne d'un an de coupe, ou une surface de $6^{m.c.}$ dans du sapin sec, en appelant dans les deux cas surface de sciage l'étendue de l'une des surfaces seulement du trait de scie.

Cette expérience est, en fait de scies circulaires de cette sorte, la seule je crois qui ait été publiée, et qui mérite confiance.

Si maintenant on remarque d'une part que le bois de cette expérience était sec, et que le trait de scie, dont la largeur n'est pas indiquée, devait avoir environ 5 à 6 millimètres, tandis qu'avec les scies de $0^m,40$ de diamètre dont il s'agit ici, l'épaisseur de la lame n'est que de 2 à $2\frac{1}{2}$ millimètres, et la largeur du trait de scie de 4 millimètres, deux circonstances qui tendent à augmenter la puissance nécessaire pour le sciage; d'autre part, que les scies ne faisaient que 240 à 270 tours par minute, de sorte qu'elles perdaient par les frottements des communications de mouvement beaucoup moins de force motrice que les scies de forges qui font terme moyen 1.500 tours; on pourra admettre que pour le bois vert d'essences mêlées, tel qu'il est employé dans les usines à fer, un moteur, dont la force disponible est d'un cheval, peut scier environ $4^{m.c.}$ de surface par heure.

Cela posé, quelle est la surface sciée par heure par la scie circulaire des usines?

Soit une scie, sciant par 12 heures 10 stères de bois taillis.

Ces 10 stères de bois cordé font, à raison d'environ 42 p. 0/0 de plein, $4^{m.c.},2$ de bois supposé compacte sans vides et sans intervalles. Ce bois a $0^m,80$ de longueur; ainsi, en le supposant en un seul bloc de $0^m,80$ de longueur, la section transversale du bloc serait de $\dfrac{4^{m.c.},2}{0,8}$ ou $5^{m.c.},25$.

Sur la longueur de $0^m,80$ on fait quatre traits de scie.

rie ; mais comme ces souffleries sont en général trop faibles et n'ont guère que de 3 à 6 chevaux de force, il est arrivé quelquefois qu'elles n'ont

---

ce qui fait cinq morceaux de $0^{m.c.}$,16 de longueur, la surface d'un trait de scie est de $5^{m.c.}$,25 ; ainsi les quatre traits font 21^m carrés.

Ainsi la scie circulaire scie en douze heures 21^m carrés de surface, soit par heure $1^{m.c.}$,75, et à raison de $4^{m.c.}$ par force de cheval et par heure, elle exige un moteur, dont la force disponible soit de $33^k \times^m$.

Ceci suppose que la scie travaille toujours, ou que pendant les instants de repos, c'est-à-dire pendant ceux où elle tourne à vide, elle emmagasine la force pour la dépenser ensuite. En fait, il n'en est pas ainsi ; une scie qui fait 1.500 tours travaille environ pendant les trois quarts du temps, et l'autre quart est employé par la manœuvre de l'ouvrier qui saisit et présente le bois, et comme il n'y a pas de volant, pendant cette période la force ne s'emmagasine pas, et elle s'use en grande partie par l'excédant de frottement résultant de l'accélération de vitesse.

D'après cela, pour avoir la force réellement dépensée, il faut ajouter au résultat ci-dessus un tiers de son chiffre, soit alors en tout $44^k \times^m$, ou 6 dixièmes de cheval.

Ainsi on peut admettre qu'une scie circulaire bien établie de 0^m,40 de diamètre, faisant environ 1.500 tours par minute, et sciant du bois taillis vert, exige un moteur dont la force disponible soit de 6 dixièmes de cheval.

Nous avons vu que cette scie fait en douze heures environ le triple du travail que ferait un homme travaillant à la scie à main, tandis que la force disponible de cet homme, répartie sur douze heures, n'est que de $4^k \times^m$, ou le dixième de celle de la scie. Cette différence provient de ce que la scie mécanique perd, par les frottements des communications de mouvement, beaucoup de la force du moteur; de ce que, pendant qu'il saisit et arrange le bois, l'homme se repose, tandis que pendant ces instants la scie mécanique, tournant à vide, dépense encore de la force; surtout enfin de ce que le trait fait par la scie mécanique est beaucoup plus large que celui de la scie à main, qui n'est que d'environ 2 millimètres.

pu permettre cet emprunt, et qu'on n'a pu donner aux scies qu'une vitesse de 600 et même de 400 tours par minute, afin de ne pas trop diminuer la puissance soufflante.

Lors donc qu'on voudra établir une ou deux scies pour le service d'un haut-fourneau, il faudra compter sur une force nécessaire de 6/10° ou 12/10° de cheval et voir si la roue de la soufflerie peut se prêter à cet emprunt, et dans le cas contraire établir une roue spéciale, ou plutôt améliorer la roue de la soufflerie pour augmenter sa force.

La plupart des souffleries, et surtout des roues de soufflerie, étant très-mal construites, il n'y a guère d'usine en France où une amélioration du système et de l'exécution de ces roues ne puisse augmenter leur force de la quantité nécessaire pour donner le mouvement à deux ou trois scies circulaires.

Dans le très-petit nombre d'usines où cet emprunt ne pourrait être fait à la roue de la soufflerie convenablement améliorée, ou être demandé à une roue hydraulique spéciale par suite de l'insuffisance du cours d'eau, il faudrait, pour employer le bois, soit le découper à la main, soit plutôt prendre la force motrice nécessaire à une machine à vapeur, dont les chaudières seraient chauffées par la chaleur perdue du gueulard, et qui pourrait en même temps venir en aide à la roue de la soufflerie ou même la remplacer complétement.

Déchet de la scie. Le déchet produit par la scie mécanique est assez considérable.

Une scie de $0^m,40$ de diamètre (et il est impossible d'avoir un diamètre moindre) a une épaisseur de 2 à 2 1/2 millimètres, et fait un trait de scie dont la largeur est de 4 millimètres : or une bûche de 0ᵐ, 80 de longueur, recevant 4 traits pour être divisée en 5 bûchettes de 0ᵐ,16 de longueur, cela fait une longueur totale de 16 millimètres enlevée par la scie et réduite en poussière : cette longueur est de 2 p. o/o de la longueur totale, et par suite le déchet ou la perte en poids, comme en volume, est de 2 p. o/o. Si la division du bois est poussée plus loin, et si, comme il convient pour la forge, les bûchettes n'ont que dix centimètres de longueur, il y aura 7 traits de scie par bûche, soit 28 millimètres ou 3 1/2 p. o/o de perte.

Ce déchet est assez considérable, aussi convient-il, pour le diminuer aussi bien que pour économiser la main-d'œuvre, de ne pas pousser la division du bois au delà des limites dont l'expérience a fait reconnaître la nécessité (1).

Le désir d'éviter le déchet du sciage a fait imaginer des instruments qui, tranchant au lieu de déchirer, se fraient un passage à travers le bois en le refoulant et ne produisant aucun déchet. *Cisaille.*

Il y a deux instruments de cette sorte, la cisaille, et le hache-bois.

---

(1) M. Berthier pense qu'on pourrait utiliser la sciure en l'employant en guise de poussière de charbon à la réduction du minerai. On mélangerait, par voie humide, le minerai, la castine et la sciure, et on en ferait de petites briquettes qu'on jetterait dans le fourneau après les avoir concassées. Cette opération, qui coûterait très-peu de main-d'œuvre, aurait le grand avantage de rendre la réduction des minerais plus prompte et plus complète, de sorte qu'elle augmenterait le rendement des minerais, et permettrait d'augmenter la production du fourneau par les modifications propres à accélérer la descente des charges : en outre elle préviendrait les chutes de minerai dans les fourneaux qui présentent cet accident.

A l'usine d'Etravaux on a établi une cisaille mue par une roue hydraulique, et qui, semblable aux cisailles à fer et à tôle, n'en diffère que parce qu'elle est moins forte et plus légère. Sous cette cisaille on passe seulement les petits brins qui n'ont pas plus de 3 à 4 centimètres de diamètre et elle les coupe avec une extrême facilité sans ralentissement dans sa marche. Les plus petits lui sont présentés deux à deux et même trois à trois, juxta-posés.

Elle bat de 100 à 150 coups par minute, et ne fait en 24 heures que la moitié environ de ce que fait la scie mécanique, soit 10 stères. Le bois lui est présenté par un enfant, tandis que la scie exige un homme à cause du mouvement de trépidation assez fatigant qu'elle imprime à la bûche. Le salaire de l'enfant étant à peu près la moitié de celui de l'homme, la main-d'œuvre de découpage, au moyen de la cisaille, est à peu près la même qu'avec la scie, mais la cisaille ne fait pas de déchet, et de plus il faut remarquer que quand on passe à la scie ces petits brins, elle fait moins d'ouvrage qu'avec les rondins, à cause du temps perdu par l'ouvrier pour les rassembler, afin de les lui présenter deux à deux ou trois à trois.

Hache-bois. M. Boisson, maître de forges à Pont-sur-l'Oignon, a imaginé un instrument qu'il nomme hache-bois, et qu'il destine au découpage des rondins de bois taillis de toutes dimensions.

Cet instrument se compose d'un volant en fonte d'environ $2^m,50$ de diamètre, portant aux deux extrémités de l'un de ses diamètres deux couteaux en acier, qui, par l'effet du mouvement de rotation rapide du volant couperont les rondins qui leur seront successivement présentés en un point fixe d'un châssis placé à hauteur du centre.

J'ai vu un hache-bois de cette sorte qui allait être établi à l'usine de Brazey ; mais comme cet instrument n'a encore été à ma connaissance employé en grand dans aucune usine, je ne puis en dire rien de positif.

En le jugeant par induction, on doit lui reconnaître le grand avantage de ne pas faire de déchet ; mais on doit craindre qu'agissant en quelque sorte par choc il ne consomme, à travail égal, plus de force motrice que la scie circulaire. Ce dernier inconvénient, s'il existait, serait grave, et nuirait à la propagation de l'instrument, parce que, dans l'état actuel des usines à fer, la force motrice dont elles disposent est à peine suffisante.

Frais de découpage du bois vert.

A Harraucourt, où le bois est coupé à la hache à main en morceaux de 16 à 19 centimètres, et n'est jamais refendu, les ouvriers reçoivent à prix fait 2$^{fr.}$,40 par corde de 3 st. soit 0$^{fr.}$,77 par stère. Pour ce prix les ouvriers prennent le bois à la pile, le scient, remplissent les rasses et les portent à 10^m ou 20^m de distance au pied du pont qui conduit au gueulard. *Découpage à la main.*

A Vendresse le bois est coupé de même, et les ouvriers reçoivent le même prix pour le même travail ; ils portent de même le bois de la même distance au pied du treuil qui l'élève au gueulard.

Pour des usines où la pile de bois serait plus éloignée du fourneau, il faudrait ajouter les frais de transport, et de plus, si le bois était refendu, il faudrait ajouter les frais de refente.

Voici le détail des frais de découpage au moyen de la scie mécanique.

Apporter le bois de la pile à la scie, et de la scie au haut du gueulard. Les frais de ces opérations sont variables d'une usine à l'autre, avec les dispositions de l'emplacement, suivant la distance de la pile à la scie, la distance de la scie au gueulard, et suivant que le gueulard est accessible ou non aux voitures.

Le maximum de ces frais correspond au cas où les scies sont placées sur une roue spéciale éloignée du fourneau, et où le gueulard est inaccessible aux voitures, le minimum correspond au cas où les scies sont placées sur les roues de la soufflerie, presque au niveau du gueulard et accessibles aux voitures. Je supposerai le terme moyen où les scies étant placées au pied du fourneau, il faudra une voiture pour apporter le bois de la pile à la scie, et deux hommes pour l'élever du pied du fourneau au gueulard.

Une voiture attelée d'un cheval suffit pour amener chaque jour 40 stères de bois de la pile aux scies (1). Il faut deux hommes pour charger, décharger et conduire : les deux hommes à 1^{fr},50, coûtent 3 fr., le cheval et la voiture 2 fr., soit 5 fr. pour 40 stères, c'est par stère 0^{fr},125, deux hommes élèvent ensuite, à l'aide d'un treuil, les rasses de bois découpé depuis le pied du fourneau jusqu'au gueulard (2), à 3 fr. pour les deux et

---

(1) Ces 40st pèsent 15.000^k, à 360^k l'un, ainsi c'est 15 voyages pour le cheval, et à 40 minutes par voyage, il est attelé dix heures : la distance des scies à la pile n'est que de 100^m, environ.

Ce travail est ainsi fait à l'usine de Senuc, 40st sont la consommation journalière de l'usine.

(2) 15.000^k à élever à 8^m de hauteur, font 120.000$^k \times ^m$; or, un homme agissant sur une manivelle, peut produire

pour les 40 stères cela fait par stère 0^{fr.},075, en tout pour ces 2 opérations 0^{fr.},20 par stère.

Scier, fendre et remplir les rasses. A Massevaux où la scie ne fait que 600 tours, où on coupe en morceaux de 0^{m},16 à 0^{m},19, et où on ne refend pas, on paye aux ouvriers à prix fait pour scier, remplir les rasses et les approcher de quelques mètres, 5 centimes par panier de 0^{m.c.},137 de bois découpé qui provient de 0st.,137 de bois cordé, soit par stère 0^{fr.},365.

A Montblainville, où les scies font 2.000 tours, où les bûchettes ont 16 centimètres de longueur et sont peu refendues, on paye à prix fait 3^c 3/4 par panier, dont le stère donne 12; ainsi c'est par stère cordé 0,45 pour scier et fendre.

A Senuc le sciage se fait à la journée. Une scie faisant 1.400 tours scie en 12 heures 10 stères de bois en morceaux de 16 centimètres de longueur. Elle est servie par 1 homme à 1^{fr.},50 et un enfant à 0^{fr.},60 par jour, en tout 2^{fr.},10 pour 10 stères, soit 0^{fr.},21 par stère pour le sciage seulement. Le bois est ensuite refendu, comme je l'ai déjà dit, il est fendu très-menu; cette opération se fait à prix fait à raison de 4^c par rasse, dont 11 $\frac{1}{2}$ proviennent de 1 stère cordé, soit 0^f,46 par stère cordé pour prendre le bois au pied de la scie, le fendre et remplir les rasses. Un bon fendeur fend par jour 40 à 45 rasses, soit un peu moins de 4 stères : les 2/3 environ du bois sont fendus.

---

journellement 150.000^{k}×^m d'effet utile ; ainsi, on voit que l'homme chargé de cette besogne n'est pas trop fatigué, d'autant plus qu'il alterne avec celui qui est en bas.

A Vendresse et à Senuc, ce travail est ainsi fait par deux hommes.

Ainsi à cette usine le prix total du sciage et de la fente est de $0^{fr},67$ par stère cordé, mais il ne faut pas oublier que dans ce prix la fente entre pour les deux tiers, et qu'elle est poussée beaucoup plus loin que dans les autres usines.

Ainsi, les frais de sciage et de fente varient de 37 à 67 centimes par stère de bois cordé : on peut admettre, terme moyen, 45 centimes.

Intérêt du capital de premier établissement, et entretien des scies. L'établissement d'une scie sur la roue hydraulique de la soufflerie coûte 1.000 fr. environ. S'il fallait une roue hydraulique spéciale et un bâtiment particulier, la dépense serait plus forte, et peut-être évaluée à 2.000 fr.

L'intérêt de cette somme, les frais d'entretien et d'éclairage de la scie peuvent être annuellement de 300 fr. au plus; la scie fait 20 stères par 24 h., soit 6.000 stères par an pour 300 jours d'activité; cela fait par stère $0^{fr},05$.

En résumé, les frais de découpage du bois à la scie mécanique, s'élèvent par stère de bois cordé à $0^{fr},70$, terme moyen, savoir :

	fr.
Transport du bois de la pile à la scie et de la scie au gueulard.	0,20
Sciage et fente.	0,45
Intérêt du capital de 1er établissement et entretien des scies.	0,05
	0,70

Ce chiffre forme le total des frais de découpage du bois; il n'y a à y ajouter aucun frais de halle ou de magasin, car ce bois est du bois abattu dans l'année, amené autant que possible, c'est-à-dire pendant une partie de l'année, journellement de la forêt à l'usine, et pendant le reste du temps empilé à l'air libre dans la cour de l'usine, pour être découpé à mesure de la consommation.

CHAPITRE II.

EMPLOI DU BOIS VERT DANS LES HAUTS-FOURNEAUX.

Le bois vert est employé en France dans les hauts-fourneaux de :

Massevaux, Betaucourt, St-Loup, Fallon, Etravaux et Farincourt.

Il a été essayé dans ceux de Loulans et de Clerval.

Plus récemment son emploi a été introduit dans ceux de Vellexon et de Breurey, c'était au mois d'octobre 1837, à l'époque où j'ai visité ces fourneaux, et je n'en connais pas les résultats.

Je passerai successivement en revue chacune de ces usines, puis je rappellerai sommairement les résultats qui ont été obtenus dans les usines de Plons, Sumbola et Westpoint.

Voici d'abord quelques généralités sur la manière dont les consommations seront présentées, et sur le remplacement du charbon par du bois.

1° *Consommation de charbon.*

Toutes les consommations de charbon qui sont indiquées sont en charbon mesuré et pesé à la sortie de la halle, c'est-à-dire après le déchet de halle.

Cette distinction est nécessaire surtout pour les indications en volume, car entre le volume qui entre dans la halle et celui qui en sort, il y a une différence assez considérable. Cette différence est due au *fraisil* qu'on n'emploie pas, et au menu qui se loge dans les interstices des gros morceaux; elle constitue le déchet en volume qui est assez variable d'une usine à l'autre, et qu'on peut, terme moyen, évaluer à 12 p. 0/0.

Le déchet en poids est beaucoup moindre.

Dans presques toutes les forges la consommation de charbon est seulement mesurée et n'est pas pesée; cette méthode est conservée par les maîtres de forges, parce qu'elle est plus commode pour eux ; et d'ailleurs pour une usine déterminée elle est à peu près aussi exacte que le pesage. Mais pour comparer une usine à l'autre il est nécessaire de considérer les poids, afin de tenir compte des différences des essences employées. Pour ces raisons, j'indiquerai toujours les volumes et les poids (1).

---

(1) Dans la plupart des forges de France on a l'habitude de n'avoir pas les mêmes mesures pour la réception du charbon à la halle et pour la sortie de ce charbon, c'est-à-dire pour la consommation. Les mesures ont bien le même nom, mais leur capacité est différente, et la mesure d'entrée est plus grande ou plus remplie que la mesure de sortie. Cette différence a pour but de compenser le déchet de halle, de sorte qu'à l'inventaire il se trouve égalité entre le nombre de mesures entrées et le nombre de mesures sorties. Le plus souvent cependant cette différence est plus que suffisante pour établir cette compensation, et il en résulte un boni de halle. Le nombre d'usines où il existe ainsi un boni est très-considérable, et cette habitude provient à la fois de deux causes : le désir qu'ont les directeurs ou commis de présenter à l'inventaire un boni plutôt qu'un déficit, et en outre la tendance qu'ils ont à aggrandir la contenance de la mesure de réception, parce que c'est

2.° *Consommation de bois.*

Les consommations de bois cordé que j'indiquerai seront toujours en bois cordé dans la forêt au moment de la façon, c'est-à-dire immédiatement après l'abattage.

C'est à cet état qu'il faut considérer le bois, eu égard à ses prix et aux comparaisons à établir avec la quantité de charbon qu'il pourrait fournir par la carbonisation.

Ce même bois, cordé à l'usine après 6 mois ou un an de coupe, n'aurait plus le même volume, même à dressage pareil, parce que la dessiccation aurait déjà fait subir aux bûches une contraction sensible.

3° *Rapport des quantités de chaleur contenues dans le bois vert et dans le charbon.*

Pour remplacer dans les hauts-fourneaux une partie du charbon de bois par du bois vert, il est

---

ordinairement à cette mesure que se payent les frais de carbonisation et de transport.

Cette manière d'agir augmente les difficultés qu'on éprouve dans les usines à apprécier avec exactitude, même à l'aide des livres de roulement et de charbonnage, le rendement du bois à la carbonisation, le déchet de halle et la consommation réelle de bois.

On peut assez généralement admettre que le bois de taillis rend à la carbonisation 33 p. 0/0 en volume à l'entrée de la halle, et 29 à la sortie ; ce qui met le déchet de halle à 12 p. 0/0 de la quantité entrée.

Les petits bois et ceux qui ont crû en de mauvais terrains, et qui par suite ne sont pas droits, ne rendent souvent que 28 à la sortie, et par contre les bois de réserve de 30 à 40 ans rendent 30 et même 32. La haute futaie rend davantage encore, et les bois résineux rendent jusqu'à 60 p. 0/0.

nécessaire de connaître d'avance le rapport des quantités de chaleur qu'ils contiennent à poids ou à volumes égaux afin de déterminer approximativement par quelle quantité de bois il convient de remplacer le charbon supprimé, et afin de se diriger dans les essais à faire pour cette substitution.

Je présenterai ce rapport à volume égal, parce que dans les forges ces deux combustibles sont seulement mesurés.

Soit d'abord du bois taillis contenant $\frac{3}{4}$ d'essences dures.

Le stère de ce bois, qui, à 2 ou 3 mois de coupe, pèse environ 380$^{k\cdot}$ et contient 34 p. $\frac{\circ}{\circ}$ de carbone, renferme 129$^{k\cdot}$,2 de carbone qui représentent sa valeur calorifique.

Le découpage lui fait perdre environ 3 p. $\frac{\circ}{\circ}$ de son poids, il reste donc 125$^{k\cdot}$,4.

Le mètre cube de charbon de forêt, provenant de ce bois, pèse à la sortie de la halle environ 220$^{k\cdot}$, et à 88 p. $\frac{\circ}{\circ}$ il contient 193$^{k\cdot}$,8 de carbone qui représentent sa valeur calorifique.

Ainsi donc 1 stère de ce bois a autant de valeur calorifique, c'est-à-dire peut développer autant de chaleur que 0$^{m.c\cdot}$,648 du charbon qui en provient.

Soit de même du bois taillis contenant $\frac{3}{5}$ d'essences dures.

Le stère de ce bois, qui, à 2 ou 3 mois de coupe, pèse environ 340$^{k\cdot}$, et contient 34 p. $\frac{\circ}{\circ}$ de carbone, renferme 116$^{k\cdot}$,6 de carbone.

Le découpage lui en fait perdre 3 p. $\frac{\circ}{\circ}$ il reste 112$^{k\cdot}$,2.

Le mètre cube de charbon qui provient de cette espèce de bois pèse à la sortie de la halle 200$^{k\cdot}$, et à 88 p. $\frac{\circ}{\circ}$ il renferme 176$^{k\cdot}$ de carbone.

Ainsi un stère de ce bois peut développer autant de chaleur que $0^{m.c.},637$ du charbon de forêt qui en provient.

Généralement pour ces bois taillis, qui, à 2 ou 3 mois de coupe, rendent à la carbonisation en forêt 29 p. $\frac{o}{o}$ en volume et 17 p. $\frac{o}{o}$ en poids de charbon mesuré et pesé à la sortie de la halle, 1 stère de bois cordé en forêt, peut dévolopper autant de chaleur que $0^{m.c.},64$ du charbon qui provient de cette espèce de bois (1).

Ces bois représentent la presque totalité des bois de charbonnage employés en France.

Ainsi le maximum de la quantité de charbon qu'on puisse remplacer par 100 parties de bois en volume est de 64 parties de charbon.

Pour les bois de haute futaie, et surtout pour les bois résineux, le rapport serait très-différent.

Pour qu'on pût atteindre ce maximum, il faudrait, d'une part, que l'expulsion de l'eau hygrométrique contenue dans le bois n'enlevât aucune portion de chaleur qui pût être utilisée dans le fourneau ; d'autre part, que toutes les parties du bois fussent aussi bien brûlées et utilisées dans le

---

(1) a Poids du stère de bois à 2 ou 3 mois de coupe.

Ce stère contient $0,34 \times a$ de carbone, et après le déchet de sciage $0,332 \times a$.

Il donne en charbon $0^{m.c.},29$, pesant $0,17 \times a$.

Ainsi le m. c. de charbon pèse $\dfrac{0.17 \times a}{0,29}$; il contient $\dfrac{0.88 \times 0.17 \times a}{0,29}$ de carbone.

Le volume de ce charbon, qui contient autant de carbone que 1 stère de ce bois, est donc de $\dfrac{0.332 \times a \times 0,29}{0,88 \times 0,17 \times a}$, ou de $0^{m.c.},634$.

fourneau que le sont celles du charbon. D'un côté il est probable, comme nous le vérifierons plus tard par la comparaison du bois vert et du bois desséché, que l'expulsion de l'eau hygrométrique se fait seulement à l'aide de la chaleur perdue qui existe dans les parties supérieures de la cuve, de sorte qu'il ne doit pas y avoir lieu de tenir compte de cette cause de diminution d'effet; mais, d'un autre côté, il est certain que les parties combustibles du bois sont plus incomplétement brûlées dans les hauts-fourneaux que ne le sont celles du charbon, car, dans tous les fourneaux qui emploient du bois, la flamme du gueulard est augmentée, ce qui indique une augmentation dans la proportion des gaz combustibles qui viennent s'allumer au gueulard.

Pour cette raison, le maximum de 64 ne peut être atteint.

Il est bon de connaître cette limite, car dans plusieurs fourneaux on a fait des essais de bois, en substituant à du charbon une quantité insuffisante de bois; par exemple, en remplaçant du charbon par volume égal de bois, sans diminuer la charge de minerai, et il en est résulté de mauvaises allures qu'il ne fallait pas attribuer au bois, mais seulement à l'insuffisance de la quantité qu'on employait en remplacement d'une quantité donnée de charbon.

Haut-fourneau de Massevaux.

Le haut-fourneau de Massevaux est situé aux portes de la petite ville de ce nom, dans le département du Haut-Rhin; il est exploité par MM. Stéhelin.

Minerai.   Le minerai est un peroxide de fer anhydre qui provient des terrains de transition, il est assez généralement pur, cependant il contient quelquefois du sulfate de baryte. Il est débourbé à la mine, grillé à l'usine dans une espèce de four à réverbère, où il est chauffé par la flamme perdue du gueulard, qui ne fait guère que le calciner, attendu qu'elle n'est pas rendue oxidante; puis cassé, lavé et employé immédiatement après en morceaux, dont la grosseur moyenne est celle d'un œuf, et qui sont mélangés de menu et même de poussière. A ce minerai on ajoute une petite partie ($\frac{1}{6}$ du volume total) d'un minerai de nature différente, qui est un calcaire ferrugineux très-pauvre, dont le rendement est estimé à 10 p. 0/0, et qui sert de fondant. Ce calcaire est un peu coquillier, et par suite phosphoreux.

Le mélange de minerai, tel qu'il est employé, pèse 1.600$^{k.}$ le mètre cube, et rend, terme moyen, 36 p. 0/0.

La mesure de consommation est le cuveau de 5 pieds cubes anciens, soit 171 litres, composé de 10 conges.

Depuis quelques années on emploie avec succès les scories de forge en assez forte proportion. Scories de forge.

Elles n'ont en rien dérangé l'allure du fourneau, et n'ont altéré ni la nature ni la qualité de la fonte, quoique ce soit de la fonte pour seconde fusion; de sorte que leur emploi est fort économique, eu égard surtout au haut prix du minerai dans cette localité.

Ces scories viennent en partie de la forge d'Oberbruck, dépendance du haut-fourneau de Massevaux, et sont en partie achetées aux forges du voisinage; elles proviennent, soit du travail actuel, soit des amas de scories des anciens travaux.

Elles sont principalement composées des scories coulantes qui sortent par le chio du feu d'affinerie ; cependant il s'y trouve mélangé une quantité variable de sorne, scorie qui se solidifie au fond de ce même feu, et qui empâte une assez forte proportion de fer non soudé. Ces sornes sont beaucoup plus riches que les scories coulantes, et leur richesse est très-variable.

Le mètre cube de scories coulantes pèse de 1.700 à 1.750^k, et on peut admettre que le mètre cube de mélange de scories coulantes et de sorne, tel qu'il est employé, pèse, terme moyen, 1.850^k.

Ces scories ont d'abord été employées en faible proportion, et on a augmenté progressivement cette proportion à mesure qu'on a reconnu qu'elles étaient sans inconvénient ; la proportion à laquelle on s'est arrêté depuis quelque temps, est de 1 conge 1/4 pour 5 conges 3/4 de minerai, soit 18 p. o/o du volume total, et 20 p. o/o du poids total, sans qu'on sache positivement si une plus forte proportion serait nuisible.

Le mélange de scories et de minerai, tel qu'on l'emploie, rend 40 p. o/o.

En retranchant de la production totale de fonte celle qui est due au minerai seul, dont le rendement moyen est bien connu, on trouve que le rendement des scories est d'environ 58 p. o/o (1).

---

(1) Avant l'emploi des scories le cuveau de minerai, de 5$^{pi.c.}$ anciens, pesant 275^k, rendait, terme moyen, 100^k de fonte (soit 36,6 p. 0/0). Maintenant le même cuveau, contenant le minerai et les scories, mélangés dans les proportions ci-dessus, pèse 282^k, et rend, terme moyen, 112^k de fonte (soit 40 p. 0/0), ce qui met le rendement des

Ce rendement est élevé ; à l'essai, les scories de forges ordinaires rendent de 57 à 64 p. o/o (d'après les analyses de M. Berthier, *Essais par la voie sèche*, tome II) ; en grand le rendement doit être moindre, ce qui l'élève ici, c'est la présence des sornes.

Pour la castine la mesure de consommation est le cuveau de 5 pieds cubes anciens = 171 litres; le mètre cube pèse 1.350^k.

Le bois qu'on carbonise pour le haut-fourneau est presque uniquement du hêtre de 20 à 25 ans, mélangé d'au plus 1/5 de chêne et de bouleau.

La mesure de consommation pour le charbon est la rasse, dont la contenance exacte est moyennement de 130 litres (3$^{pi.c.}$8 anciens), d'après plusieurs mesurages qui ont été faits devant moi.

D'après la moyenne des charbonnages de toute une année, le rendement du bois à la carbonisation est de 28 p. o/o en volume, le charbon étant mesuré à la sortie de la halle. Ce rendement est faible, il est dû à ce que le bois, ayant crû dans la montagne, est généralement tortu et mal dressé.

Ce charbon pèse, terme moyen, 55^k la rasse, soit 230^k le mètre cube à la sortie de la halle ; ce poids élevé est dû à la présence du hêtre de montagne, qui, de tous les bois de forge, est celui qui donne le charbon le plus lourd.

Le bois employé en nature est pareil à celui qui est carbonisé pour le même usage.

Les bûches sont sciées en morceaux de 16 à 19 centimètres, et ne sont jamais refendues, de sorte qu'il y a quelques bûchettes dont le diamètre dépasse 10 centimètres.

La mesure de consommation pour le bois découpé est la rasse, c'est la même que celle de charbon, mais on l'emplit un peu davantage, de sorte qu'elle contient terme moyen 137 litres, d'après les mesurages que j'ai faits.

Le bois découpé occupe le même volume que le bois cordé dont il provient.

Soufflerie. — Le vent est chaud; j'ai trouvé sa température de 220° centigrades à l'extrémité de la buse. Lorsque les tuyaux de chauffage viennent d'être nettoyés à l'extérieur, il paraît que cette température s'élève jusqu'à 300°.

La pression est de 3^{c},4 à l'œil de la buse.

Il y a une seule tuyère.

La quantité *réelle* d'air lancé par minute occupe, à la température de 220°, et à la pression de 3^{c},4 en sus de la pression atmosphérique, un volume de $25^{m.c.}$, et occuperait seulement un volume de $14^{m.c.}$ à la température de 0 et à la pression atmosphérique (1).

---

(1) Pour évaluer cette quantité, je me suis servi de la formule suivante (donnée par M. D'Aubuisson, *Traité d'hydraulique*, page 498) :

$$q = 289 d^{2} \sqrt{\frac{h(1 + 0.004t)}{b+h}}$$

t. Température de l'air à la buse $= 220°$.

b. Pression atmosphérique, soit $= 0^{m}$,75.

h. Hauteur du manomètre à la buse $= 0^{m}$,034.

d. Diamètre de l'œil de la buse. Il y a ici 2 buses de 0^{m},05 de diamètre, ainsi d^{2} doit être remplacé par $2 \times (0,05)^{2} = 0^{m.c.}005$.

q. Volume d'air lancé par seconde à la température t et à la pression $b+h$.

Cette formule donne :

Aucune modification n'a été faite aux dimensions du fourneau pour passer, de l'emploi exclusif du charbon de bois, à l'emploi d'un mélange de bois et de charbon. Voici pourtant les principales dimensions de ce fourneau :

m.

Diamètre du gueulard. . . 0,81
Diamètre du ventre. . . . 2,22

L'ouvrage a 0,92 de la rustine à la tympe, et 0,43 de la tuyère au contrevent. Il est monté droit depuis le fond du creuset jusqu'à la naissance des étalages.

Du fond du creuset
- jusqu'à la tuyère . . . . $0^m,43$
- jusqu'à la naissance des étalages
  - du côté de la tuyère et du contrevent. $0,86$
  - du côté de la rustine et de la tympe . $0,62$

Hauteur des étalages
- du côté de la tuyère et du contrevent. . $1,35$
- des deux autres côtés. . . . . $1,54$

L'inclinaison des étalages est de 66° sur les quatre faces.
Hauteur totale $7^m,47$.
Le gueulard est fermé et couvert; on charge en ouvrant une porte. Une ouverture laisse entrer l'air nécessaire à la combustion des gaz.
La verticale passant par le centre du gueulard tombe à 5 centimètres seulement de la face de tuyère, elle est d'ailleurs à égale distance de la tympe et de la rustine.

La construction intérieure de ce fourneau présente, comme on le voit, diverses irrégularités

---

$q = 0^{m.c.}413$, d'où par minute $24^{m.c.}8$.
à la pression atmosphérique, et à la température 0 cette quantité devient q' et

$$q' = \frac{q(b+h)}{b(1+0,004t)}$$

d'où $q' = 0^{m.c.}23$, et par minute $13^{m.c.}8$.

La quantité théorique, calculée d'après le volume engendré par le mouvement des pistons, serait de $36^{m.c.}$; ainsi la quantité réelle à 0 et à la pression atmosphérique est de 36 p. 0/0 de la quantité théorique.

qui ne semblent pouvoir avoir aucun effet utile. Le creuset et l'ouvrage, au lieu d'être carrés, sont fortement allongés dans le sens de la tympe à la rustine, comme cela a encore lieu dans la plupart des hauts-fourneaux au charbon de bois, et pour que l'inclinaison des étalages soit néanmoins la même des quatre côtés, on les fait commencer plus bas du côté de la tuyère et du contrevent que des autres côtés. Il serait mieux d'adopter la forme carrée.

Nature du produit. La fonte produite est grise, et uniquement destinée à être employée en seconde fusion. Elle est de très-bonne qualité ; elle est consommée 2/3 dans la fabrique de machines à vapeur de Bitschweiler, appartenant à MM. Stehelin, et 1/3 dans les fonderies de Mulhausen.

Travail au charbon seul. On la coule en gueusets, qui, dans le pays, portent le nom de *sapots.*

Voici le roulement de cinq mois, août, septembre, octobre, novembre et décembre 1836, qui sont les derniers de l'emploi exclusif du charbon, et qui sont les troisième, quatrième, cinquième, sixième et septième mois du fondage auquel ils appartiennent.

L'ensemble de ces cinq mois représente bien l'allure moyenne du fourneau au charbon seul, sans l'influence de la mise en feu, et de la mise hors.

Nombre de charges. 4.549 pour 153 jours, soit par jour 30 charges.
Charbon de bois. 18.564 rasses $= 2.408^{m.c.},33$.
Minerai. 3.785 cuveaux $= 648^{m.c.},80$.
Scories. 498 cuveaux 4 conges $= 85^{m.c.},43$.
Castine. 631 cuveaux 4 conges $= 108^{m.c.},22$

Fonte. 461 547. ou, par mois 92.329.

La composition de la charge a été de :

Charbon. . . . . 4 rasses,   = 0m.c.,520
Minerai (terme moyen). . . . 8conges 1/3=0,   142
Scories (terme moyen) . . . . 1 conge 1/10=0,   019
Castine. . . . . 1 conge 1/3=0,   023
                                              —————————
                                              0m.c.,704

La consommation , aux 1.000 kil. de fonte a été de :

Charbon. . 5m.c.,229, soit à 230 k. l'un. . 1.203 k.
       Le bois d'où provient ce charbon a rendu à la sortie
       de la halle 28 pour o/o, ainsi le volume de ce bois
       était de 18st.,675.
Minerai. . 1m.c.,405 à 1.600 k. l'un. . 2.248 k. ⎫
Scories. . . o   ,185 à 1.850. . . . . .   342 ⎬ 2.590 k.
Castine. . . o   ,234 à 1.350 k. . . .   316 k. ⎭

Ainsi , dans le poids total du mélange de scories et de minerai, les scories sont entrées pour 13,2 p. o/o, et le mélange a rendu 38,6 p. o/o.

Les 1.000 k. de charbon ont fondu ⎧ minerai. 1.868 ⎫
                                    ⎨ scories. . 284 ⎬ 2.415.
                                    ⎩ castine. . 263 ⎭

Cette allure est économique, eu égard surtout à la nature de la fonte.

Il serait intéressant de savoir quelle influence exercent les scories sur la consommation de combustible, si elles la diminuent par l'effet de l'augmentation de richesse qu'elles donnent au minerai, ou si, ce qui est peu probable elles l'augmentent parce qu'elles sont difficiles à réduire. Malheureusement il n'est pas possible de trouver la solution de cette question dans les roulements qui ont précédé l'emploi des scories , parce que ces roulements antérieurs ne sont pas comparables, affectés qu'ils **ont été par** une mauvaise allure qui était due à une cause toute particulière, l'existence d'une source sous le creuset du fourneau.

Quoi qu'il en soit, on voit que ce fourneau travaillait économiquement au charbon seul, de sorte que l'économie de combustible, qui a été produite par l'emploi du bois, ne peut être attribuée en partie, comme il est juste de le faire souvent en fait d'innovations, aux soins particuliers et aux améliorations de détail qui auraient accompagné cet emploi.

Travail au mélange de bois et de charbon.

L'emploi du bois a commencé en janvier 1837, et a continué jusqu'ici sans interruption. Dès l'origine on a mis en bois découpé à peu près moitié du volume total de combustible, pendant quelque temps on a été obligé de faire des essais pour donner au fourneau une allure régulière, et on reconnaît dans les roulements la trace de ces essais à la plus grande proportion de gueuse pour forge, par rapport à la fonte pour deuxième fusion. Depuis longtemps l'allure du fourneau est devenue parfaitement régulière, et ne présente aucun accident. La qualité de la fonte n'a pas été altérée, seulement son grain est devenu un peu plus fin, ce qui est un premier pas fait vers la nature de la fonte blanche, et ce dernier résultat s'observe dans presque tous les fourneaux où l'on emploie le bois vert, séché ou torréfié.

Dans ce fourneau, comme dans tous ceux où l'on emploie un mélange de bois et de charbon, on commence par charger le bois, puis le charbon, et ensuite le minerai; pendant les premiers instants qui suivent le chargement, la flamme du gueulard est mêlée d'une grande quantité de vapeur blanche, c'est la vapeur d'eau qui se dégage du bois; ensuite la flamme devient très-abondante, et est toujours plus considérable qu'elle n'était au charbon seul, ce qui indique que le bois laisse dégager une plus grande quantité de gaz combustibles que ne le faisait le charbon, ou du moins que ces gaz sont plus inflammables.

Les quatre premiers mois de l'emploi du bois, c'est-à-dire janvier, février, mars et avril 1837, ayant été affectés par les essais et par l'influence de la mise hors, puisqu'ils étaient les derniers du fondage qui s'est terminé en avril, je n'en citerai pas les résultats.

Un second fondage a été commencé en août 1837, voici l'ensemble des mois de novembre et décembre 1837 et janvier 1838, qui sont les quatrième, cinquième et sixième mois de ce fondage.

Charbon de bois. 8.480 rasses $=$ 1.102$^{\text{m.c.}}$,04
Bois découpé. . . 8.180 rasses $=$ 1.120,   66, provenant d'égale
quantité de bois cordé.
Minerai. . . . . . 2.247 cuveaux $=$ 384,   24
Scories . . . . .   494 cuveaux $=$ 84,   30
Castine. . . . .   193 cuveaux $=$ 33,   04
Fonte. 317.677 k., soit par mois 105.892 k.

Le bois découpé est entré pour 50.4 p. o/o dans le volume total du combustible.

Consommation aux 1.000 k. de fonte.

Charbon de bois. 3$^{\text{m.c.}}$,469, qui, à 28 pour o/o, proviennent de 12$^{\text{st.}}$,389 de bois cordé.
Bois découpé. 3$^{\text{m.c.}}$,527, provenant de volume égal de bois cordé, qui, à 28 p. o/o, eussent donné 0$^{\text{m.c.}}$,987 de charbon de forêt.

Consommation totale de . . { évaluée en bois. 15$^{\text{st.}}$,916
évaluée en charbon. 4$^{\text{m.c.}}$,456

Minerai. . 1$^{\text{m.c.}}$,209 à 1.600 k. l'un $=$ 1.934 k. }
Scories. . . 0,   265 à 1.850   l'un $=$ 490   } 2.424^{k}
Castine. . 0,   104 à 1.350   l'un $=$ 140

Dans le poids total du mélange de scories et de minerai, les scories sont entrées pour 20 p. 0/0, et le mélange a rendu 41,2 p. 0/0.

Cet ensemble de trois mois est, par sa position au milieu d'un fondage, comparable au roulement que j'ai donné ci-dessus comme type du travail au charbon seul ; cependant cette comparaison ainsi faite diminuera un peu l'économie de combustible résultant de l'emploi du bois, attendu que, pendant ces trois mois, l'allure du fourneau n'a pas été aussi économique qu'elle aurait pu l'être, l'ouvrage s'étant dégradé par suite de la mauvaise qualité des pierres employées à sa construction.

Les mois d'octobre et de novembre, pendant lesquels l'ouvrage n'était pas encore dégradé, ont donné une allure un peu plus économique ; voici la troisième semaine d'octobre, qui représente à peu près l'allure telle qu'elle était avant la dégradation de l'ouvrage :

Nombre de charges. 336 pour 7 jours, soit par jour 48.
Charbon de bois 728 rasses $= 94^{m.c.},84$
Bois découpé. 672 rasses $\quad = 92, \quad 15$, provenant de volume
$\qquad\qquad\qquad\qquad\qquad\qquad$ égal de bois cordé.

Minerai. 193 cuv. 2 conges $= 33, \quad 11$
Scories. 42 cuveaux $\qquad = 7, \quad 20$
Castine. 16 cuv. 8 conges $= 2, \quad 88$

Fonte produite. 27 680 k., soit pour un mois de 30 jours 118.628 k.

Composition de la charge :

Charbon.. . . 2 $\frac{1}{6}$ rasses (1) $= $ 0m.c.,282 $\rbrace$
Bois découpé. 2 rasses $\quad = 0, \quad 274$ $\quad$ 0m.c.,556
Minerai. . . 5 $\frac{3}{4}$ conges $\quad = 0, \quad 098$
Scories. . . . 1 $\frac{1}{4}$ conge $\quad = 0, \quad 021$
Castine. . . . $\frac{1}{2}$ conge $\quad = 0, \quad 009$
$\qquad\qquad\qquad\qquad\qquad\qquad$ —————
$\qquad\qquad\qquad\qquad\qquad\qquad$ 0m.c.,684

---

(1) A chaque charge on met 2 rasses de charbon ordinaire, et 1 pied cube de menu charbon et fraisil de halle, qu'on compte seulement comme l'équivalent de 1/6 de rasse de charbon ordinaire, soit comme environ 2/3 de pied cube de ce charbon.

Le bois découpé est entré pour 49,3 p. o/o dans le volume total du combustible.

Consommation aux 1.000 k. de fonte :

Charbon. 3^{m.c.},426, qui, à 28 pour o/o, proviennent de 12st,235 de bois.

Bois découpé. 3^{m.c.},329 provenant de volume égal de bois cordé qui, à 28 p. o/o, eussent donné o^{m.c.},932 de charbon de forêt.

Consommation totale. . . . { évaluée en bois 15st,564 évaluée en charbon. 4^{m.c.},358

> *Minerai.* . 1^{m.c.},197 à 1.600 k. 1.915 k. } 2 396 k.
> *Scories.* . . o,   260 à 1.850. .   481
> *Castine.* . . o,   104 à 1.350. .   140 k.

Dans le poids du mélange de minerai et de scories, les scories sont entrées pour 20 p. o/o, et le mélange a rendu 41.7 p. o/o.

En comparant, aux résultats du travail au charbon seul, ces résultats du travail au mélange de bois et de charbon dans lequel le bois entrait pour environ moitié du volume total, on voit que :

Comparaison du travail au charbon seul avec le travail au mélange de bois et de charbon.

1° Aucune modification n'a été faite aux dimensions du fourneau pour l'approprier à l'emploi du bois.

2° Le volume de la charge de combustible est resté à peu près le même ; la moitié environ du charbon ayant été remplacée par volume égal de bois. La charge de minerai et de scories a été diminuée dans une proportion convenable. — Le volume total de la charge est donc un peu moindre qu'il n'était au charbon seul.

3° La descente des charges est devenue plus rapide, au lieu de 30 par 24 heures, on en passe terme moyen 45. Cette augmentation de vitesse de la descente des charges n'est pas due à une modification des dispositions du fourneau, mais à leur moindre teneur en combustible.

4° L'allure du fourneau est très-régulière, et il n'y a pas de chute de minerai.

5° Le rendement du minerai ne paraît pas avoir été modifié : il est impossible d'avoir à ce sujet aucune donnée précise, attendu que le rendement apparent est influencé par la richesse variable des scories, mais il est facile de reconnaître que les laitiers sont aussi pauvres qu'ils étaient avant l'emploi du bois.

La proportion de scories étant d'ailleurs plus considérable maintenant qu'elle n'était pendant le travail au charbon seul, (20 p. o/o du poids total du mélange au lieu de 13,2,) le mélange est plus riche qu'il n'était, et son rendement est augmenté d'environ 2 ½ p. o/o. Cette augmentation de richesse pourrait avoir diminué un peu la consommation de combustible pour la production de 1.000^k de fonte, mais cette diminution ne peut être que très-faible, et ne peut influer sensiblement sur les résultats économiques de la comparaison à établir entre les deux roulements.

6° La production mensuelle est restée à peu près la même, de sorte que la diminution des charges a été compensée par l'accélération de leur descente. D'après les roulements ci-dessus, cette production paraîtrait avoir été augmentée de 92 tonnes à 105 ; mais cette augmentation ne me paraît pas devoir être attribuée au bois, elle est due plutôt à l'augmentation de la proportion des scories, ce qui équivaut à une augmentation de richesse du minerai.

7° La qualité de la fonte n'a pas été altérée, elle est restée grise, excellente pour seconde fusion, usage auquel elle est exclusivement destinée ; seulement le grain est devenu un peu plus fin.

8° La quantité de castine employée est beaucoup moindre maintenant qu'elle n'était pendant le travail au charbon seul ; mais cette variation est indépendante de l'emploi du bois, et est due seulement à l'emploi récent d'une certaine proportion d'un minerai de fer, qui n'est guère qu'un calcaire ferrugineux très-pauvre, et qui, faisant l'office de fondant, remplace une partie de la castine.

9° En prenant pour type de la consommation de combustible au mélange de charbon et de bois, le roulement de trois mois ci-dessus cité, on a :

Dans le travail au charbon seul, la consommation de combustible, évaluée en bois, était de. . . . . 18st.,675 aux 1.000 k.
Dans le travail au mélange de bois et de charbon, elle est de. . . . . 15. 916   *id.*

      Économie de combustible. . . 2st.,759   *id.*

Cette économie est de 14,8 p. o/o de la consommation primitive.

Autrement :

Dans le travail au charbon seul, la consommation de combustible était, en charbon, de. . . . . 5$^{m.c.}$,229
Dans le travail au mélange de bois et de charbon on ne consomme, en charbon, que. 3. 469

             Différence. . . . 1. 760

Ainsi 1$^{m.c.}$,760 de charbon ou un tiers de la consommation primitive ont été remplacés par du bois : ils ont été remplacés par 3$^{st.}$527 de bois, de sorte que 1 stère de bois a remplacé 0$^{m.c.}$,50 de charbon, ou 100 de bois en volume ont remplacé 50 de charbon.

En prenant pour type de la consommation de

combustible le roulement d'octobre, c'est-à-dire ce qu'était cette consommation avant la dégradation de l'ouvrage, on trouve de même que l'économie de combustible a été de 16,6 p. o/o de la consommation primitive, et que 100 de bois en volume ont remplacé 54 de charbon.

10° Le bois employé en nature étant de même espèce que celui qui est carbonisé, 100 de ce bois contient, comme je l'ai dit ci-dessus, autant de carbone, et peut par suite développer autant de chaleur que 64 de charbon ; la quantité de charbon remplacée par 100 de bois n'a été que de 50 à 54; la différence vient en partie de la quantité de chaleur employée à expulser l'eau hygrométrique du bois, ou plutôt, et presque uniquement, de la plus grande proportion de principes combustibles qui échappent à la combustion dans l'intérieur du fourneau, et dont on reconnaît la présence par l'augmentation de la flamme du gueulard.

Le fondage prochain du haut-fourneau de Massevaux sera commencé avec un mélange de bois et de charbon, dans lequel le bois entrera pour $\frac{2}{3}$ du volume total.

Haut-fourneau de Bétaucourt.

Ce haut-fourneau est situé dans la commune de Cendrecourt département de la Haute-Saône, à 6^k nord de la petite ville de Jussey. Il est exploité par M. de Brouville.

Minerai.

Il y a deux espèces de minerai, le minerai en grain et le minerai en roche.

Le minerai en grain est un peroxide hydraté, composé de grains sphériques isolés à couches concentriques de la grosseur d'un grain de millet à celle d'un pois. Ce minerai est de très-bonne qualité, et ce sont les meilleures variétés de cette espèce qui donnent seules les excellentes fontes de Franche-Comté.

Le minerai en roche appartient au calcaire jurassique, c'est un peroxide hydraté, composé de petits grains sphériques à couches concentriques, qui sont agglutinés par un ciment argilo-calcaire. Il est un peu phosphoreux, ce qui le rend propre à la fabrication des fontes pour moulages, mais l'exclut à peu près complétement de la fabrication des fontes de forge, dans ce pays qui ne fabrique que des fers de première qualité.

Les mesures locales sont le cuveau de $\frac{1}{4}$ de mètre ou 250 litres, et la conge de 20 au cuveau, ou de 12 $\frac{1}{2}$ litres.

Le minerai en grain pèse 1650^{k} le mètre cube, le minerai en roche, 1450^{k}.

Pour la castine la mesure locale est le cuveau de $\frac{1}{4}$ de mètre. Castine.

Le bois de charbonnage est du taillis de 18 à 25 ans, qui contient $\frac{2}{3}$ d'essences dures. Bois de charbonnage.

La mesure locale est la corde de 3 stères.

Pour le charbon les mesures de consommation sont, le van de 12 $\frac{1}{2}$ pieds cubes métriques=463 litres, et la rasse de $\frac{1}{5}$ de van = 92 litres. Charbon.

La corde de 3 stères rend à la carbonisation 1 van $\frac{3}{4}$ mesurés à la sortie de la halle, soit 27 p. o/o, mais il y a un boni de halle qui élève ce rendement à environ 28 p. o/o. Ce faible rendement est dû à ce qu'une partie du bois a crû sur la montagne, et est par suite petit et tortu.

Ce charbon ne pèse à la sortie de la halle, que 200^k· le mètre cube.

Bois employé en nature. Le bois employé en nature est du taillis de même âge que le bois de charbonnage, et est composé de moitié essences dures, moitié essences tendres. C'est à dessein qu'on emploie ainsi en nature une plus forte proportion d'essences tendres qu'il n'y en a dans le bois de charbonnage ; ces essences tendres sont le tremble et le bouleau, et on prétend qu'elles sont avantageuses, parce que, se contractant moins à la distillation que les essences dures, elles formeraient moins de vide dans l'intérieur du fourneau.

Les bûchettes ont de 15 à 20^c de longueur, et on n'eu refend qu'une très-petite partie, celles seulement qui ont plus de 10 centimètres de diamètre.

Après avoir été découpé, le bois a le même volume qu'il avait étant cordé en forêt. — La mesure de consommation est la rasse de 2$^{pi.c.}$ = 74 litres.

Soufflerie. Le vent est froid.

Fourneau. Voici les principales dimensions du fourneau tel qu'il est dans le fondage actuel.

Diamètre du gueulard. . 0^m.,53
Diamètre du ventre. . . 2, 16

Côté du creuset et de l'ouvrage. 0^m.,50 en carré.
Du fond du creuset à la tuyère. . 0, 43
Du fond du creuset à la naissance des étalages. 1^m.,25
Hauteur des étalages. . . 1^m.,75
Hauteur totale. 7, 07
Inclinaison des étalages. 64°.

L'axe de la cuve passe à 8 centimètres seulement de la tuyère. Cette déviation de l'axe est assez générale dans les hauts-fourneaux, quelquefois même elle a lieu dans les deux sens, c'est-à-dire aussi de la rustine à la tympe, cependant elle paraît vicieuse.

Au charbon seul la hauteur n'était que de $7^m,33$, c'est la cuve qui a été exhaussée de $0^m,34$, le ventre est resté à la même place. Le diamètre du ventre n'était que de 2^m, et les étalages commençaient à 1^m seulement au-dessus du fond du creuset, de sorte que leur inclinaison était de 69°.

L'exhaussement de la cuve et la diminution de la pente des étalages ont pour but de donner au bois le temps de se préparer, et ces modifications sont bien raisonnées ; d'autant plus que l'inclinaison des étalages était trop forte, même au charbon ; mais ces modifications n'ont pu être assez fortement prononcées, et surtout la cuve n'a pu être assez exhaussée parce qu'on ne voulait pas toucher à la *tour*, c'est-à-dire à l'enveloppe extérieure du fourneau.

Du reste, les dimensions de ce fourneau ne sont pas à imiter, attendu qu'il produit peu et consomme beaucoup de combustible.

La fabrication du fourneau est tout entière en sablerie (moulages en sable), principalement pour marmites et fourneaux, et sans pièces mécaniques. La fonte est, suivant la méthode ordinaire, puisée dans l'avant-creuset avec des poches, le creuset-puisard ou ses modifications n'étant pas encore introduits dans cette contrée. — La fonte est grise.

Voici l'ensemble des sept derniers mois de l'emploi exclusif du charbon, ce sont les sept premiers mois de l'année 1836, jusqu'à juillet inclusivement ; il y a eu une mise hors en avril et

Nature du produit.

Travail au charbon seul.

une mise en feu en mai; l'interruption totale a été de 35 jours; ainsi le nombre total de jours de travail, auquel se rapporte ce roulement, est de 179.

Nombre de charges. 5.737 pour 179 jours, soit par jour 32.
Charbon. 5.612 vans = 2.598$^{m.c.}$,15.
Minerai { en grain. 1.566 ½ cuveaux = 391$^{m.c.}$,56.
{ en roche. 1.499 ¼ cuveaux = 884,94.
Castine (environ) 220 cuveaux = 55$^{m.c.}$. On en met très-rarement.
Fonte, { sablerie. . . . . 181.004 } 285.859^k. soit par mois
{ moulages à découvert. 27.392 } de 30 jours, 47.826^k.
{ bocage. . . . . 77.163 }

La composition habituelle de la charge était de :

Charbon, 5 rasses. . . . . = 0$^{m.c.}$,463
Minerai { en grain. 5 conges 1/2 = 0$^{m.c.}$,069 } 0, 134
{ en roche. 5. 1/4 = 0, 065 }
Castine. . . . (*pour mémoire*). . . . .
                                     0$^{m.c.}$.597

La consommation aux 1.000 k. de fonte a été de :

Charbon. 9$^{m.c.}$,096 à 200^k. l'un. 1.819^k. qui, à 28 p. o/o. proviennent de 32$^{st.}$,485 de bois.
Minerai { en grain. 1$^{m.c.}$,370 à 1.650^k l'un = 2.260^k. } 4.162^k.
{ en roche. 1 ,312 à 1.456^k l'un = 1.902 }
    Le rendement du minerai a été de 24 p. o/o.
Castine (environ), 0$^{m.c.}$,192 à 1.350^k. l'un = 260^k.
Les 1.000^k. de charbon ont fondu. { minerai.. 2,288^k. } 2.430^k.
{ castine. . 142 }

On voit que cette allure n'est pas économique. Si on l'apprécie par la comparaison du combustible consommé avec la fonte produite, elle paraît extrêmement mauvaise; si on la juge seulement par le poids des matières que les 1.000^k de charbon ont fondues, elle ne présente que la consommation de combustible la plus habituelle; mais ce dernier mode d'appréciation est aussi inexact que le premier, parce que la réduction du minerai et la fusion de la fonte qui en provient, exigent, à poids égal, beaucoup plus de combustible que la fusion des gangues. Somme toute, c'est-à-dire en tenant compte à la fois de ces deux modes d'appréciation, ce fourneau consomme plus de combustible qu'il n'en devrait consommer.

L'emploi du bois a commencé en août 1836, et a continué jusqu'à ce jour sans interruption.

Dans la charge on commence par mettre le bois, et ce n'est que dix minutes après qu'on met le charbon et le minerai. Cet intervalle a pour but de laisser au bois le temps de dégager la plus grande partie de son humidité, et de se resserrer sur lui-même, en diminuant les vides qui restaient entre les morceaux._Travail au mélange de bois et de charbon._

Voici le roulement des mois de juillet et août 1837, deuxième et troisième mois du fondage actuel.

Nombre de charges. 2.281 pour 62 jours, soit par jour 36,7.
Charbon. 1.805 vans = 848$^{m.c.}$,61.
Bois. 168 ½ cordes = 504$^{st.}$,75, ayant donné volume égal de bois découpé.
Minerai. 1.167 cuveaux 7 conges = 291$^{m.c.}$,84, dont moitié en grain, moitié en roche.
Castine. 95 cuveaux 4 conges = 23$^{m.c.}$,8.
Fonte. 117.540^k. soit par mois 58.770^k.

Composition habituelle de la charge :

Charbon. 4 rasses. = 0$^{m.c.}$,370
Bois découpé. 3 rasses = 0 ,222
Minerai. 10 $\frac{2}{10}$ conges. = 0 ,128, dont moitié en grain, moitié en roche.
Castine. $\frac{2}{10}$ conge. . . . . = 0 ,010
____
0 ,730

Dans le mélange de combustible, le bois découpé est entré pour 37,3 p. o/o du volume total.

Consommation par 1.000 k. de fonte :

Charbon. 7$^{m.c.}$,219, qui, à 28 p. o/o, proviennent de 26$^{st.}$,036 de bois.
Bois. 4$^{m.c.}$,294 de bois découpé, provenant de volume égal de bois cordé qui, à 28 p. o/o, eût donné 1$^{m.c.}$,202 de charbon.

La consommation totale est · · { évaluée en bois. . . . 3m.c.,330
{ évaluée en charbon. 8m.c.,421

Minerai. 2m.c.,483 moitié grain moitié
    roche, à 1.550 k. l'an. . . . . .   3.849 k.
    Ainsi le minerai a rendu 25,9 p. o/o.
Castine. 0m.c.,202 à 1.350 k. . . . . . 273 k.

Les résultats de l'ensemble de ces deux mois peuvent être comparés à ceux du roulement sans bois que j'ai donné ci-dessus : car si, d'une part, ce roulement au charbon seul est affecté par l'influence d'une mise en feu et d'une mise hors, d'autre part, ces deux mois ne sont que les deuxième et troisième du fondage, et par suite ils sont encore un peu influencés par le voisinage de la mise en feu.

En comparant, aux résultats du travail au charbon seul, les résultats du travail au mélange de bois et de charbon dans lequel le bois entrait pour un tiers environ du volume total, on voit que ;

Comparaison du travail au charbon seul avec le travail au mélange de bois et de charbon.

1° Il a été fait, aux dimensions du fourneau, quelques modifications, dans le but de l'approprier à l'emploi du bois, mais ces modifications sont peu importantes.

2° La charge de minerai est restée à peu près la même, et une partie de la charge de charbon (1/5 environ) a été remplacée par un volume convenable de bois, de sorte que le volume total de la charge a été augmenté.

3° La descente des charges est devenue un peu plus rapide.

4° L'allure du fourneau est aussi régulière qu'au charbon seul, et on ne remarque pas de chutes de minerai.

5° Le rendement des minerais, eu égard à leur richesse, ne paraît pas avoir été modifié; au char-

bon seul il était en moyenne de 24,1 p. o/o, au mélange de charbon et de bois il a été de 25,9 ; mais
cette augmentation doit être attribuée uniquement à une plus grande richesse de minerai. D'ailleurs, les laitiers ne paraissent ni plus ni moins
chargés de fer qu'ils n'étaient auparavant, et les
chutes de minerai ne sont pas plus fréquentes.

Cette augmentation de richesse ne peut avoir
diminué la consommation de combustible que
d'une très-faible quantité.

6° La production a été augmentée, et cet effet
ne doit pas être attribué à l'emploi du bois, mais
à l'agrandissement du fourneau et à l'augmentation de richesse du minerai.

7° La fonte n'a été altérée ni dans sa couleur,
ni dans sa qualité.

8° On a réalisé une économie de combustible :

Au charbon seul, la consomma-
  tion évaluée en bois était de. . 32st,485 par 1.000 k. de fonte.
Au mélange de charbon et de bois
  elle est de. . . . . 30 ,330
  Économie de combustible. . 2 ,155

Cette économie de combustible est de 6,6 p. o/o de la consommation primitive.

Autrement :
Au charbon seul, la consommation
  évaluée en charbon était de. . . $9^{m.c.}$,096 par 1.000 k. de fonte.
Au mélange de bois et de charbon,
  on ne consomme en charbon que. 7 ,219

Différence. 1 ,877

Ainsi $1^{m.c.}$,877 de charbon ou $\frac{1}{5}$ du total primitif
ont été remplacés par du bois, et la quantité de
bois qui a opéré ce remplacement est de 4st,294 ;
de sorte que 100 de bois ont remplacé 43,7 de
charbon.

Il ne faut pas oublier que le bois employé en
nature contient une plus forte proportion d'es-

sences tendres que le bois de charbonnage qui produit le charbon remplacé ; et ce fait explique la faiblesse du chiffre 43,7, qui est moindre que celui qu'on a obtenu à Massevaux.

Si on employait en nature des bois de même nature que ceux qui sont carbonisés, ce rapport s'élèverait et approcherait probablement de 50 ; et, pour la même raison, l'économie de combustible est supérieure au chiffre 6,6 p. o/o qui est indiqué ci-dessus.

Haut-fourneau de Saint-Loup.

Ce haut-fourneau est situé dans la commune de Saint-Loup, département de la Haute-Saône, entre Gray et la petite ville de Gy. Il est exploité par M. Vautherin.

Minerai. On n'emploie qu'une seule espèce de minerai, c'est le minerai en grain, dont j'ai indiqué la nature à l'article du fourneau précédent.

La mesure locale est la conge de $\frac{1}{3}$ de pied cube ancien $= 11^{\text{lit.}} \frac{4}{10}$.

Le mètre cube pèse, terme moyen, 1.620^k.

Castine. La mesure locale, pour la castine, est la conge de $\frac{1}{2}$ pied cube métrique $= 17$ litres.

Bois de Charbonnage. Le bois de charbonnage est un mélange d'environ $\frac{2}{3}$ taillis de 20 ans, et $\frac{1}{3}$ réserve de 40 à 50 ans, dans lequel il y a environ $\frac{2}{3}$ d'essences dures.

Ces bois mélangés rendent 29 p. o/o de charbon, mesuré au moment de l'emploi à la sortie de la halle.

Charbon. La mesure de consommation, pour le charbon, est la rasse de $2\frac{1}{2}$ pieds cubes métriques $= 92$ litres $\frac{6}{10}$. Ce charbon pèse, à la sortie de la halle, 220^k le mètre cube.

Le bois employé en nature est de même espèce que le bois de charbonnage, il est scié en morceaux de 15ᶜ de longueur, et toutes les bûchettes dont le diamètre dépasse 10ᶜ sont refendues.

1ˢᵗ de bois cordé en forêt donne, terme moyen, 1ᵐᶜ,o5 de bois découpé.

La mesure de consommation est la rasse de 100 litres.

Avant d'être employé ce bois subit un commencement de dessiccation, et il est placé à cet effet dans une caisse de fonte, établie au-dessus du gueulard. Cette caisse est mal disposée pour recevoir l'action de la chaleur, et le bois n'y reste que deux à trois heures, de sorte que sa dessiccation est fort incomplète; aussi doit-il, relativement à son emploi, être considéré plutôt comme du bois vert que comme du bois desséché, et c'est pour cette raison que je place ici ce fourneau.

Les morceaux qui touchent le fond de la caisse perdent leur eau hygrométrique, et éprouvent même un commencement de distillation, de sorte qu'ils prennent feu lorsqu'on les fait tomber dans l'étouffoir; mais presque tout le bois qui est au centre, sur les côtés et à la partie supérieure, se dessèche à peine et conserve même sa couleur, au lieu de prendre la couleur brune du bois fortement desséché.

On met dans la caisse de fonte 11 ½ rasses de bois vert, soit 1ᵐ·ᶜ,15, et on en retire 10 ¼, soit 1ᵐ·ᶜ,025. Ainsi la diminution de volume est de 10 p. 0/0, la perte de poids est inconnue, mais doit être d'environ 15 p. 0/0.

D'après cela, et en tenant compte du foisonnement au découpage, 100 volumes de ce bois, en partie desséché, proviennent de 106,7 de bois cordé.

Soufflerie. Le vent est chaud.

Fourneau. Il n'a été fait au fourneau aucune modification pour l'approprier à l'emploi du bois; il est tel qu'il était au charbon seul.

Nature du produit. La fonte est grise et principalement destinée à la forge. On fait en outre quelques moulages de pièces mécaniques et de chaudières pour le recuit des fils de fer. Elle est de très-bonne qualité, sans être de première qualité de Franche-Comté, c'est-à-dire qu'on n'emploie pas les minerais de première qualité.

Travail au charbon seul. On ne connaît pas bien les résultats du travail au charbon seul et au vent chaud, parce que l'emploi du bois a suivi de très-près l'emploi du vent chaud, et il n'y a aucun roulement d'où on puisse déduire ces résultats d'une manière certaine.

Au vent froid la consommation dans les mois de bonne allure du milieu des fondages, était de $5^{m.c.},50$ à $5^{m.c.},60$ de charbon (150 pieds cubes métriques), et c'est là l'allure des fourneaux du voisinage, qui marchent bien au charbon seul et au vent froid, en traitant de même pour fonte de forge les mêmes minerais avec des charbons à peu près pareils.

D'après cela, et d'après l'exemple des autres fourneaux voisins, on peut admettre que la consommation au vent chaud et au charbon seul, dans les bons mois du milieu d'un fondage, serait de $5^{m.c.},10$; c'est en effet autour de ce nombre qu'oscillent les différents mois, qui n'ont été qu'en partie seulement au vent chaud, ou qui, entièrement au vent chaud, ont consommé un peu de bois, ou ont traité des minerais plus réfractaires que les minerais habituels.

D'après cela on peut admettre pour la consommation au charbon seul et au vent chaud :

Charbon. 5m.c.,10 qui, à 210°, pèsent 1.122k., et qui, à 29 p. o/o,
proviennent de 1st.,586 de bois.

Alors le minerai rendait de 33 à 34 pour o/o, la production
mensuelle était de 90 à 100 mille kilogrammes.

La charge se composait, terme moyen, de :

Charbon. . .	7 1/5 rasses =	0m.c.,667
Minerai. . .	21 conges =	0 ,242
Castine. . .	2 1/2 conges =	0 ,046
		0m.c.,955

On voit qu'on travaillait à assez grandes charges; on faisait par jour 24 charges environ.

L'emploi du bois a commencé en 1835, mais
c'est seulement depuis le mois d'août 1836 qu'il
a lieu d'une manière régulière et continue.

Travail au mélange de charbon et de bois.

Voici le roulement du mois d'août 1837, qui
peut être regardé comme le terme moyen de l'allure au mélange de bois et de charbon :

Nombre de charges. 783, soit par jour 25.
Charbon de bois. 4.432 rasses = 410m.c.,22.
Bois. 1.560 rasses = 156 mètres cubes de bois en partie desséché,
qui, à 106,7 de bois vert cordé pour 100 de ce bois découpé
et en partie desséché, proviennent de 166st.,45 de bois
cordé.
Minerai. 15.772 conges = 180m.c.,229.
Castine. 1.957 conges = 36m.c.,24.
Fonte. . 97.030 k.

Composition habituelle de la charge :

Charbon de bois. 5 2/3 rasses . . . =	0m.c.,523
Bois en partie desséché. 2 rasses. =	0 ,200
Minerai. 20 1/6 conges . . . . . . =	0 ,230
Castine. 2 1/2 conges . . . . =	0 ,046
	0m.c.,999

Dans le mélange de charbon et de bois, le
bois est entré pour 27,5 p. o/o du volume total,
on n'a pas essayé une plus forte proportion.

Consommation aux 1.000 k. de fonte :

Charbon. 4m.c.,427, qui, à 29 p. o/o, proviennent de 14st.,576.
Bois. 1st.,715 de bois vert cordé, qui, à 29 p. o/o, eût donné
0m.c.,497 de charbon de forêt.

La consommation totale est { évaluée en bois. . . 16st.,201
{ évaluée en charbon. 4m.c.,724

Minerai. 1m.c.,857 à 1.620 k. = 3.008 k. d'où rendement 33,2 p. o/o.

Castine. 0m.c.,373 à 1.350 k. l'un = 500 k.

Comparaison du travail au charbon seul avec le travail au mélange de bois et de charbon.

Comparons les résultats du travail au charbon seul avec ceux du travail au mélange de charbon et de bois, dans lequel le bois entrait pour 27 ½ p. o/o du volume total.

1° Aucune modification n'a été faite aux dimensions intérieures du fourneau pour l'approprier à l'emploi du bois.

2° La charge de minerai a été un peu diminuée, et une partie de la charge de charbon a été remplacée par un volume convenable de bois, de sorte que le volume total de la charge est resté à peu près ce qu'il était avant l'emploi du bois, toutefois il a été un peu augmenté.

3° La descente des charges s'est un peu accélérée, mais d'une très-faible quantité.

4° L'allure du fourneau est aussi régulière qu'avant l'emploi du bois.

5° Le rendement du minerai est resté à peu près le même; cependant les laitiers sont quelquefois un peu plus verts, ce qui indique que leur teneur en fer est augmentée, et ce qui peut être dû à quelque chute de minerai.

6° La production mensuelle est restée la même.

7° La fonte est restée grise, mais son grain est devenu plus fin, ce qui est un premier pas fait vers la nature de la fonte blanche. Sa qualité n'a du reste été altérée ni comme fonte de moulage, ni comme fonte de forge, seulement elle s'affine plus aisément qu'auparavant, ce qui est une

conséquence naturelle de la petite modification
qu'elle a subie.

8°. On a obtenu une économie de combustible :

Au charbon seul la consommation
  de combustible, évaluée en bois,
  était de. . . . . 17$^{st.}$,586 par 1.000 k. de fonte.
Au mélange de bois et de charbon
  elle est de. . . . . 16 ,291
        Économie de combustible. 1$^{st.}$,295

ou 7,3 p. o/o de la consommation primitive.
   Autrement,
Au charbon seul, on consommait en charbon. . . . . 5$^{m.c.}$,100
Au mélange de bois et de charbon on ne consomme de
  charbon que. 4 ,227
                 Différence. . . 0$^{m.c.}$,873

Ainsi, 0$^{m.c.}$,873 de charbon, ou 17 p. o/o de la
consommation primitive, ont été remplacés par
du bois, et, ce bois provenant de 1$^{st.}$,715 de bois
cordé, on voit que 100 de bois cordé ont remplacé
50,9 de charbon en volume.

Haut-fourneau de Fallon.

Le haut-fourneau de Fallon est situé dans la
commune de ce nom, département de la Haute-
Saône, à 8 kilomètres sud de la petite ville de
Villersexel. Il est exploité par M. Legrand.

Il y a plusieurs espèces de minerai. Les deux   Minerai.
principales sont : le minerai en grain et le minerai
en roche dont j'ai déjà parlé.

Il y a en outre : 1° le minerai en poussière, peroxide en partie hydraté, composé de grains isolés
de forme sphérique, beaucoup plus petits que
ceux du minerai en grain : ce minerai n'est pas
lavé, il est pauvre. 2° Le minerai de Saulnot,
peroxide anhydre et en masse, qui se trouve

dans un porphyre de transition, il est riche, mais siliceux et mélangé de sulfate de baryte, ce qui le rend réfractaire et de mauvaise qualité, aussi n'est-il employé qu'à très-petite dose, 2 p. o/o environ.

Les mesures locales sont le cuveau et la conge.

Pour le minerai en grain, le cuveau est de 200 litres ; il est divisé en 16 conges de $12\frac{1}{2}$ litres l'une. La conge pèse 20^k, ce qui met le mètre cube à 1.600^k.

Pour les autres minerais le cuveau est de 247 litres, il est divisé en 13 conges de 19 litres l'une. La conge de minerai en roche, pèse 27^k, ce qui met le mètre cube à 1.420^k ; la conge de minerai en poussière ne pèse que 25^k, soit seulement 1.320^k le mètre cube ; le minerai de Saulnot est très-pesant.

Castine. On n'emploie pas de castine, le minerai en roche tient lieu de fondant.

Bois de charbonnage. Le bois de charbonnage est du taillis de 18 à 20 ans, contenant $\frac{2}{5}$ d'essences dures. Il rend 29 p. o/o de charbon mesuré à la sortie de la halle.

Charbon. Les mesures locales pour le charbon sont :

La rasse de 2 $\frac{6}{10}$ pieds cubes métriques. . . . . $=$ 96 litres.
Le cuveau, de 5 rasses, de 13 pieds cubes. . $=$ 481 litres,
La banne de 12 cuveaux. . . . . $=$ 5$^{m.c.}$,777.

Ce charbon pèse 200 k. le mètre cube.

Bois employé en nature. Le bois employé en nature est le même que le bois de charbonnage.

Il est scié en morceaux de 16 centimètres de longueur, et on ne refend qu'un très-petit nombre de bûchettes.

Le bois découpé occupe à peu près le même volume que le bois cordé d'où il provient.

La mesure de consommation est la rasse, mais elle est plus remplie que pour le charbon, et con-

tient 3 pieds cubes métriques ou 111 litres, de sorte
que le cuveau de 5 rasses est de 556 litres, et la
banne de 12 cuveaux est de 6$^{m.c.}\frac{2}{3}$.

Le vent est chaud; au moment où je l'ai observée, *Soufflerie.*
sa température était de 220 degrés centigrades.

La quantité de vent déduite du volume engendré par les pistons serait théoriquement de 18
mètres cubes par minute; ainsi, au rapport probable de 40 p. o/o, la quantité d'air réellement
lancé n'occuperait à o et à la pression atmosphérique que 7 à 8 mètres cubes. Cette quantité est
très-faible, mais la force du moteur ne permet
pas de l'augmenter.

Il n'a été fait au fourneau aucune modifica- *Fourneau.*
tion pour l'approprier à l'emploi du bois; voici
ses principales dimensions :

Diamètre du gueulard 0^m.,67
Diamètre du ventre . 2.08
Le creuset et l'ouvrage ont 0^m.,42 sur 0,81.
Du fond du creuset à la tuyère. . . . 0,42.

Du fond du creuset à la naissance des étalages
- du côté de la rustine et de la tympe. . . . . 0^m,47
- du côté de la tuyère et du contrevent . . . . o ,83

Hauteur des étalages . . .
- du côté de la rustine et de la tympe 1,86
- du côté de la tuyère et du contrevent 1,50

L'inclinaison des étalages est de 67 degrés sur les 4 faces.
Du fond du creuset au ventre 2,33.

Hauteur totale . . . 7^m,50

La fonte est grise, à grain fin, elle est presque *Nature du*
uniquement employée à la fabrication de la sa- *produit.*
blerie; on fait quelques moulages à découvert et
quelquefois des gueusets (sapots) pour deuxième
fusion. On ne coule de gueuse pour forge que
dans le cas d'accidents qui rendent la fonte im-
propre au moulage, ou bien encore quand on
manque par hasard d'ouvriers.

La fonte est puisée à l'aide de poches dans l'avant-creuset.

Travail au charbon seul.

Voici, pour le travail au charbon seul, la récapitulation de onze mois de 1836, c'est l'ensemble de l'année 1836 dont on a retranché le mois de juin, qui a été affecté par la mise hors du fondage qui finissait, et par la mise en feu du fondage suivant.

Nombre de jours. . . . 333
Nombre de charges. . . 9 766, soit par jour 29 ¼
Charbon. 814 bannes 3 cuveaux = 4.704$^{\text{m.c.}}$,55

Minerai { en grain. 2.658 cuveaux 9 conges = 531$^{\text{m.c.}}$,71
en roche, en poussière, et de Saulnot. 4.767 cuveaux 5 conges = 1.177$^{\text{m.c.}}$,05

Fonte. { sablerie. . . . . 498 915 k.
moulages à découvert . 29.886
gueuse. . . . . 50.603 } 25,8 p. o/o du total.
bocage . . . . 133.869 }

____

713.273 k. soit pour un mois de 30 jours, 64.260 k.

Composition habituelle de la charge :

Charbon. . . . . . 5 rasses. . . . . = 0$^{\text{m.c.}}$,481
Minerai { en grain, 4 conges ½ . . . . = 0 ,054
en roche et autres, 6 conges ½ . . . = 0 ,120

____

0$^{\text{m.c.}}$,655

Consommation aux 1.000 k. de fonte :

Charbon. 6$^{\text{m.c.}}$,596 qui à 200 k. l'un font 1.319 k., et qui à 29 p. o/o proviennent de 22$^{\text{st.}}$,745 de bois.

Minerai { en grain. . . . . . 0$^{\text{m.c.}}$,745 à 1 600 k. l'un 1.192 k.
en roche et autres 1 ,650 à 1.420 k. l'un 2.343

____

3.535 k.

Ainsi le minerai a rendu 28,3 p. o/o.
Les 1.000 k. de charbon ont fondu en minerai 2.680 k. Il n'y a pas de castine.

Cette allure est assez bonne, eu égard à la pauvreté des minerais, à la nature du produit et au mode de coulée.

Travail au mélange de bois et de charbon.

L'emploi du bois a commencé en janvier 1837, et s'est continué sans interruption depuis cette époque.

Voici la récapitulation des mois d'août, septembre, octobre et novembre 1837, qui sont les 2ᵉ, 3ᵉ, 4ᵉ et 5ᵉ mois du fondage :

Nombre de jours. 122.
Nombre de charges. 3.715, soit par jour 30 $\frac{1}{2}$.
Charbon. 247 bannes 5 cuveaux 3 rasses = 1.429$^{m.c.}$,80
Bois. 61 bannes 11 cuveaux de bois découpé = 412$^{m.c.}$,78, qui proviennent de 412$^{st.}$,78 de bois cordé.

Minerai { en grain. . . . . 1.046 cuveaux 5 conges = 209$^{m.c.}$,26
{ en roche et autres. 1.751 cuveaux 2 conges = 432   ,50

Fonte. . { sablerie. . . . . 185.039 k.
{ moulages à découvert 18.287
{ bocages. . . . . 55.024   ou 21.3 p. o/o du total.
                             258.350   soit par mois 64.587 k.

Composition habituelle de la charge :

Charbon. . . . . 4 rasses. . . . . . = 0$^{m.c.}$,384
Bois découpé. . . . . . . 1 rasse. . . . . . . = 0   ,111
Minerai { en grain. . . . . 4^c $\frac{1}{2}$. . = 0   ,056
{ en roche et autres. . . . 6^c $\frac{1}{10}$. = 0   ,116
                                        0$^{m.c.}$,667

Dans le mélange de combustible le bois découpé est entré pour 22 p. o/o du volume total.

Consommation aux 1.000 k. de fonte.

Charbon. 5$^{m.c.}$,534, qui à 29 p. o/o proviennent de 19$^{st.}$,083 de bois.
Bois. 1$^{st.}$,597 de bois cordé qui à 29 p. o/o eût donné 0$^{m.c.}$,463 de charbon.
Consommation totale. . . . { évaluée en bois 20$^{st.}$,680
{ évaluée en charbon 5$^{m.c.}$,997

Minerai { en grain. . . . 0$^{m.c.}$,810 à 1.600 k. l'un 1.296^k.
{ en roche et autres 1$^{m.c.}$,674 à 1.420^k. l'un 2.377^k.
                                                          3.563^k.

Le mélange a rendu 27,2 p. o/o.

Comparons les résultats du travail au charbon seul avec ceux du travail au mélange de bois et de charbon, le bois entrant pour $\frac{1}{5}$ dans le volume total.

1° Il n'a été fait aux dimensions intérieures du fourneau aucune modification spéciale pour l'emploi du bois.

Comparaison du travail au charbon seul avec le travail au mélange de bois et de charbon.

2° La charge de minerai est restée la même. $\frac{1}{5}$ de la charge de charbon a été remplacé par un volume de bois à peu près égal ; ainsi le charbon qui a été supprimé a été remplacé par une quantité de bois insuffisante, c'est-à-dire ayant moins de valeur calorifique, ou pouvant développer moins de chaleur que le charbon supprimé.

3° La descente des charges s'est un peu accélérée, mais d'une très-petite quantité.

4° L'allure du fourneau n'a pas été dérangée, elle est restée très-régulière, et les chutes de minerai, qui de tout temps ont été assez fréquentes dans ce fourneau, ne le sont pas devenues davantage.

5° Le rendement du minerai, qui était de 28,3 p. o/o, n'a été que de 27,2 ; cette diminution pourrait être due à une diminution dans la richesse des minerais, quoiqu'on ait employé les mêmes et dans les mêmes proportions, mais il est plus probable qu'elle est due, en partie du moins, à l'insuffisance de la quantité de bois qui a été mise en remplacement du charbon supprimé.

6° La production mensuelle est restée ce qu'elle était avant l'emploi du bois.

7° La nature et la quantité de la fonte n'ont été ni modifiées ni altérées : elle est restée aussi facile à mouler qu'elle était auparavant, car la proportion de bocage n'a pas été augmentée.

8° Il y a eu économie de combustible, en effet :

Au charbon seul, la consommation de combustible évaluée en bois était de : . . . . 22st.,745 par 1.000 k. de fonte.

Au mélange de bois et de charbon la consommation de combustible évaluée en bois est de. . . . 20 ,680

Economie de combustible 2st.,065 ou 9 p. o/o de la consommation primitive.

.Autrement.

Au charbon seul, la consom-
mation de charbon était de. . . . .6$^{\text{m.c.}}$,596 par 1.000 k. de fonte.
Au mélange de bois et de char-
bon, on ne consomme en char-
bon que. 5   ,534

Différence. . . 1$^{\text{m.c.}}$,062

Ainsi 1$^{\text{m.c.}}$,062 ou $\frac{1}{6}$ de la consommation primitive de charbon ont été remplacés par du bois,
et la quantité de bois qui a opéré ce remplacement
étant de 1$^{\text{st.}}$,597, on voit que 1 stère de bois a remplacé 0$^{\text{m.c.}}$,67 de charbon.

Mais comme 1 stère de bois ne peut développer
autant de chaleur que 0$^{\text{m.c.}}$,67 de charbon provenant de cette espèce de bois, il est possible que
ce soit à cette cause que soit due la diminution
de rendement du minerai, car l'emploi du bois
n'a d'ailleurs été accompagné d'aucune modification qui ait pu diminuer la consommation de
combustible.

Haut-fourneau d'Etravaux.

Le haut-fourneau d'Étravaux est situé dans
la commune de Grencourt, département de la
Haute-Saône, à environ 2 myriamètres S.-O. de
Vesoul. Il est exploité par M. Gauthier.

Le minerai employé est le minerai en grain, Minerai.
dont j'ai déjà parlé, et qui est commun à tous les
fourneaux de la Franche-Comté.

Le bois de charbonnage est du taillis de 20 ans, Bois.
et du bois de réserve de 40 à 50 ans, provenant du
quart en réserve des bois communaux. La proportion du taillis et de la réserve est variable,
mais elle est généralement de moitié pour chacun

d'eux, et dans ces bois il y a environ ⅓ d'essences dures.

Le bois employé en nature est de même espèce que le bois de charbonnage, mais presque uniquement composé de taillis. Il est découpé en morceaux de 13 centimètres de longueur.

Soufflerie. Le vent est chaud.

Nature du produit. Le fourneau travaille en fonte de forge avec un peu de sablerie, comme pièces mécaniques. et surtout tuyaux de conduite. La qualité de la fonte est très-bonne sans être de première qualité de Comté.

Roulements. Je n'ai pu avoir communications des roulements, et j'ai seulement l'indication de la composition des charges et du rendement habituel du minerai. Ces documents suffisent pour établir approximativement les consommations du fourneau, mais ils ne peuvent conduire à des résultats précis et certains, aussi je ne les rapporterai pas ici, et je me bornerai à des indications générales sur l'allure du fourneau.

A l'époque où je l'ai visité il marchait avec un mélange de bois et de charbon, dans lequel le bois entrait pour 73 p. o/o du volume total ; cette marche durait depuis six semaines, c'est-à-dire depuis le mois d'août 1837, époque du commencement de l'emploi du bois vert, et avait lieu comme il suit :

1° Aucune modification n'a été faite aux dimensions intérieures du fourneau pour le rendre propre à l'emploi du bois vert.

2° La charge de minerai a été diminuée, de sorte qu'une partie du charbon étant remplacée par un volume convenable de bois, le volume total de la charge est resté à peu près le même.

3° L'allure du fourneau est restée assez régulière, mais les chutes de minerai y sont devenues fréquentes.

4° Le rendement du minerai a été un peu diminué, sans qu'on connaisse avec précision le chiffre de cette diminution, et cet effet doit être attribué en partie aux chutes de minerai, en partie à une plus grande richesse de toute la masse des laitiers, due au refroidissement du fourneau.

5° La production a diminué. Au charbon seul elle était de 80 à 90.000 kilogrammes par mois, elle n'est plus que de 60 à 70.000, et cet effet est dû en partie à la diminution du rendement, et principalement à la diminution de la charge de minerai, qui n'a pas été compensée par l'accélération de la descente des charges.

6° La fonte est restée grise, mais le grain est devenu plus fin. Cette modification n'a d'ailleurs pas nui à sa qualité, soit comme fonte de moulage, soit comme fonte de forte.

7° Il y a économie de combustible. Au charbon seul la consommation de combustible était de 5 à $5\frac{1}{2}$ mètres cubes de charbon, soit $17\frac{1}{4}$ à 19 stères de bois, ce qui est une assez bonne allure, les minerais rendant environ 33 p. o/o. L'emploi du bois à la proportion d'un peu moins de $\frac{3}{4}$ du volume total paraît avoir donné une économie de combustible de 25 p. o/o de cette consommation primitive, de sorte que 1 stère de bois a remplacé environ $\frac{1}{2}$ mètre cube de charbon.

A cause de la forte proportion de bois les roulements de ce fourneau présenteront beaucoup d'intérêt, si on les connaît, lorsqu'ils auront une assez longue durée; maintenant la seule conclusion que je puisse tirer de l'exemple de ce fourneau, c'est qu'une proportion de bois vert d'un peu moins des $\frac{3}{4}$ du volume total du combustible y donne une allure assez régulière, et y produit une forte économie de combustible, mais diminue le rendement du minerai et la production journalière.

La diminution du produit journalier n'est pas aussi fâcheuse qu'elle paraît d'abord, car il est probable que, par un agrandissement convenable du fourneau, on pourrait la ramener à son chiffre primitif.

Haut-fourneau de Farincourt.

Ce haut-fourneau est situé dans la partie orientale du département de la Haute-Marne, à environ 1 myriamètre sud-est de la petite ville de Fayl-Billot. Il est exploité par MM. Dufournel et Acarié.

Ce fourneau marche en fonte de forge et traite des minerais pauvres, qui ne rendent que de 23 à 24 p. 0/0.

De tout temps il a été connu pour son excessive consommation de combustible.

Au charbon seul et au vent froid il consommait jusqu'à 11 mètres cubes de charbon de qualité moyenne, pesant environ 210 kilogrammes le mètre ; on était parvenu, en modifiant ses dimensions, à l'amener à une consommation d'environ 9 mètres. Mais l'emploi du bois ayant commencé presque aussitôt après ces modifications, on ne connaît pas avec précision ce qu'eût été, avec ces dimensions améliorées, la consommation de combustible dans le travail au charbon seul.

L'emploi du bois a commencé en janvier 1837, et s'est continué depuis sans interruption. Le bois entre pour $\frac{1}{4}$ dans le volume total du combustible; avec cette proportion l'allure est bonne, la qualité de la fonte n'est pas altérée, la production (qui du reste est très-faible, 50 à 60.000 kilogrammes par mois), n'est pas diminuée, et il y a économie de combustible; mais pour la raison ci-dessus je ne puis en préciser le chiffre.

Je ne donne pas d'ailleurs les roulements de ce fourneau à ce mélange de bois et de charbon, parce que ces roulements sont sans intérêt, la consommation totale étant encore de $7\frac{1}{2}$ mètres cubes de charbon par 1.000 kilogrammes de fonte, en transformant le bois dans la quantité de charbon qu'il eût donnée à la carbonisation.

Ce fourneau vient d'être mis au vent chaud, et il est probable que les soins éclairés des maîtres de forges, qui l'exploitent maintenant, le raméneront bientôt à une allure aussi économique que le comporte la pauvreté de ses minerais.

Haut-fourneau de Loulans.

Ce haut-fourneau est situé dans la commune de ce nom, département de la Haute-Saône, à 5 kilomètres ouest de la petite ville de Montbozon. Il est exploité par MM. Angar et Denoix.

Les minerais qu'il consomme sont les minerais en grain, en roche et en poussière, dont j'ai déjà parlé à l'article du haut-fourneau de Fallon.

Les mesures locales sont le cuveau de $\frac{1}{5}$ de mètre cube ou 200 litres, et la couge de $\frac{1}{10}$ de cuveau ou de 20 litres.

Castine. On n'emploie pas de castine , la gangue calcaire du minerai en roche en tient lieu.

Bois de charbonnage. Le bois de charbonnage est du taillis de 20 ans, qui contient $\frac{1}{5}$ d'essences dures.

Charbon. La mesure locale pour le charbon est le van de 13 pieds cubes métriques, soit 481 litres.

Bois employé en nature. Le bois employé en nature était de même espèce que le bois de charbonnage, il était scié en bûchettes de 15 centimètres de longueur. La mesure de consommation était le van de même contenance que celui qui sert pour le charbon.

Soufflerie. Le vent est chaud.

Fourneau. Il n'avait été fait au fourneau aucune modification pour l'emploi du bois, voici ses principales dimensions :

Diamètre du gueulard. . . 0^m.,67
Diamètre du ventre. 2, 16

L'ouvrage et le creuset ont 0,42 sur 0,81.
Du fond du creuset à la naissance des étalages 0^m,95 du côté de la tuyère et du contrevent.
Hauteur des étalages 1,45 des mêmes côtés.
Des 2 autres côtés, les étalages commencent plus bas et sont plus hauts.
Inclinaison des étalages 64 degrés des 4 côtés. ·
Hauteur totale du fourneau , 6^m,83

Nature du produit. La fonte est grise , et uniquement employée à faire de la sablerie et quelques moulages à découvert.

Travail au charbon seul. Voici l'ensemble de dix mois de travail au charbon seul; c'est la récapitulation de l'année de forges 1835-36, dont on a retranché deux mois, qui étaient influencés par la mise hors et la mise en feu :

Nombre de charges. 4.595 pour 306 jours , soit par jour 15
Charbon. 9.190 vans = 4.432$^{m.c.}$.22

$Minerai$ { en grain. . . 2.974 cuveaux = 594 m.c.,80
en poussière 2.460 cuveaux = 492 ,00
en roche . . 2.699 cuveaux = 539 ,80

$Fonte$ { sablerie 499.470
moulages à découvert 76.648
gueuse . . . . 3.050 }
bocage . . . . 130.470 } 19 p. o/o du total.

709.638 k. d'où par mois 70.964 k.

Composition des charges :

$Charbon.$ . . . 2 vans = 0 m.c.,963 } 1 m.c.,316
$Minerai.$ 17 conges 2/7 = 0 ,353 }

Ainsi ce fourneau travaille à très-grandes charges, eu égard aux dimensions de son gueulard, mais la descente est très-lente.

Consommation aux 1.000 k. de fonte :

Charbon. 0 m.c.,235 qui, à 200 k. l'un, pèsent 1.247 k. et qui à 29 p. o/o proviennent de 21 st.,500 de bois.

Minerai { en grain. . . . . . . 0 m.c.,838 à 1.920 k. l'un 1.358 k.
en roche et en poussière 1 m.c.,454 à 1.450 k l'un 2.108

3.466

Le minerai a rendu 28,8 p. o/o
Les 1.000 k. de charbon ont fondu 2.779 k. de minerai.

Ainsi, eu égard à ses minerais et à son mode de travail, ce fourneau marche assez économiquement au charbon seul.

L'emploi du bois vert a commencé en janvier 1837, et s'est continué pendant six semaines jusqu'au commencement de mars, époque à laquelle il a été interrompu pour des causes étrangères à cet emploi, et depuis lors diverses circonstances fortuites ont empêché MM. Angar et Denoix de reprendre cet essai.

Voici le roulement du mois de février 1837.

Nombre de charges 458. soit par jour 16 1/7
Charbon. . . . 687 vans = 330 m.c.,78
Bois découpé. . 229 vans = 110 m.c.,26

Minerai { en grain. . . . 303 cuveaux = 60 m.c.,60
en poussière. . 210 cuveaux = 42 ,00
en roche . . . 274 cuveaux = 54 ,80

$$\textit{Fonte} \begin{cases} \text{sablerie.} \dots \dots \dots 43.220 \\ \text{moulages à découvert.} \quad 9.476 \\ \text{bocage} \dots \dots \dots \dots 12.742 = 16 \text{ p. o/o du total.} \end{cases}$$

$$\overline{65.438}$$

Composition de la charge :

$$\begin{aligned}
&\textit{Charbon.} \dots \ 1\tfrac{1}{2} \text{ van} = 0^{\text{m.c.}},722 \\
&\textit{Bois découpé} \ . \ . \ \tfrac{1}{2} \text{ van} = 0 \quad\ ,240 \\
&\textit{Minerai.} \ . \ 17 \text{ conges } \tfrac{1}{5} = 0 \quad\ ,344
\end{aligned}$$

$$\overline{1^{\text{m.c.}},306}$$

Dans le mélange de combustible le bois est entré pour $\frac{1}{4}$ du volume total.

Consommation aux 1.000 k.

Charbon. $5^{\text{m.c.}},055$, qui, à 29 pour o/o proviennent de $17^{\text{st.}},482$ de bois.

Bois. $1^{\text{m.c.}},685$ de bois découpé qui, à 105 pour o/o, provient de $1^{\text{st.}},605$ de bois cordé, qui, à 29 pour o/o, eût donné à la carbonisation $0^{\text{m.c.}},465$ de charbon.

$$\text{Ainsi, consommation totale} \dots \dots \begin{cases} \text{évaluée en bois} - 19^{\text{st.}},087 \\ \text{éval. en charb.} - 5^{\text{m.c.}},520 \end{cases}$$

$$\textit{Minerai} \begin{cases} \text{en grain} \dots \dots 0^{\text{m.c.}},926 \text{ à } 1.620 \text{ k.} = 1.500^{\text{k}} \\ \text{en poussière et en roche } 1.479 \text{ à } 1.450 \text{ k.} = 2.145^{\text{k}} \end{cases} 3.645^{\text{k}}$$

Le minerai a rendu 27, 4 pour o/o.

Comparaison du travail au charbon seul avec le travail au mélange de bois et de charbon.

Comparons les résultats du travail au charbon seul avec ceux du travail au mélange de bois et de charbon, dans lequel le bois entre pour $\frac{1}{4}$ du volume total.

1° Aucune modification n'a été faite aux dimensions du fourneau.

2° La charge de minerai est restée à peu près la même. $\frac{1}{4}$ de la charge de charbon a été remplacé par volume égal de bois, de sorte qu'on a remplacé une partie du charbon par une quantité de bois insuffisante, c'est-à-dire ne pouvant développer autant de chaleur.

3° La descente des charges a été accélérée, mais d'une très-faible quantité.

4° L'allure n'a pas été dérangée.

5° Le rendement du minerai a été moindre; de 28, 8, il est tombé à 27 , 4 p. o/o ; il est possible que cette diminution de rendement soit due à une diminution de richesse, mais il est plus probable que le minerai est resté tout à fait le même, et qu'elle a pour cause l'insuffisance de la quantité de bois qui a remplacé le charbon supprimé.

6° La nature et la qualité de la fonte n'ont pas été altérées : les roulements montrent qu'elle a été aussi facile à mouler, car la proportion de bocage est restée la même.

7° La production a été un peu diminuée , et la différence de 65 $\frac{1}{2}$ à 70 tonnes est assez sensible ; mais il est possible qu'elle ne soit pas due uniquement à l'emploi du bois, car dans un fourneau en sablerie la production est moins fixe que dans un fourneau qui travaille en fonte de forge, parce qu'elle varie quelquefois avec le nombre et l'activité de mouleurs.

8° Il y a eu économie de combustible :

Au charbon seul la consommation
de combustible , évaluée en bois
était de. . . . . 21$^{st.}$500 par 1.000k. de fonte
Au mélange de bois et de charbon,
elle est de. 19. 087
      Économie de combustible . . 2st. 413
ou 11 pour o/o de la consommation primitive.
Autrement
Au charbon seul la consommation
de charbon était de . . . . 6$^{m.c.}$235 par 1.000k. de fonte
Au mélange de bois et de charbon,
on n'a consommé en charbon que 5. 055
        Différence 1. 180

Ainsi , 1$^{m.c.}$,180 ou $\frac{1}{5}$ de la consommation primitive de charbon ont été remplacés par du bois , et la quantité de bois qui a opéré ce remplacement ayant été de 1$^{st.}$,605 de bois cordé , on voit que 1$^{st.}$ de bois a remplacé 0$^{m.}$,73 de charbon.

Ce bois ne peut développer autant de chaleur que le charbon qu'il remplace, et il est probable que c'est à cette cause qu'est due la diminution de rendement du minerai.

MM. Angar et Denoix se proposent de reprendre leurs essais d'emploi de bois ; ils feront bien, je pense, de ne remplacer le charbon que par une quantité équivalente de bois, et pour cela il faudra diminuer la charge de minerai, car le fourneau travaillant déjà à grandes charges, il est difficile d'augmenter le volume de la charge de combustible.

Hauts-fourneaux de Clerval.

Les hauts-fourneaux de Clerval sont situés aux portes de la ville de ce nom, dans le département du Doubs. Ils appartiennent à MM. Bouchotte.

En janvier 1836, on a commencé des essais de bois vert dans l'un de ces hauts-fourneaux, et on les a continués pendant plusieurs mois ; la proportion du bois a été progressivement augmentée, et on est arrivé jusqu'à en mettre $\frac{1}{3}$ du volume total du combustible employé ; avec cette proportion l'allure du fourneau est restée ce qu'elle eût été au charbon seul ; mais alors ce fourneau était en mauvais état, et consommait beaucoup, de sorte que de ces essais on ne peut rien conclure, relativement à l'économie de combustible qui peut résulter de l'emploi du bois.

Je vais maintenant dire ici quelques mots des résultats qui ont été obtenus de l'emploi du bois vert dans les hauts-fourneaux de Plons, Westpoint et Sumbola. J'emprunte ces résultats aux notices qui ont été publiées à ce sujet.

Les essais de bois vert faits à Plons en 1834, avaient donné des résultats très-avantageux, on obtenait économie de combustible et augmentation de production journalière (1).

Il paraît cependant que ces essais n'ont pas été continués; je n'ai pas visité les lieux, mais voici les renseignements que j'ai recueillis à ce sujet :

Il paraît que l'emploi du bois ayant été interrompu par suite de circonstances fortuites, et le travail ayant été continué au charbon seul, on aurait obtenu du charbon seul la plus grande partie des avantages d'allure qui s'étaient présentés pendant l'emploi du bois. D'après cela, on aurait été disposé à attribuer ces avantages, non plus au bois, mais à quelques modifications dans les dimensions, ou la conduite du fourneau, ou dans la soufflerie, de sorte qu'on n'aurait pas repris l'emploi du bois.

Il est possible qu'il en soit ainsi, car malgré l'économie de 23 p. o/o qui a accompagné l'emploi du bois, la consommation de combustible telle qu'elle était pendant cet emploi était encore aussi considérable qu'elle eût dû être au charbon seul, dans un fourneau bien construit.

Au haut-fourneau de Westpoint (États-Unis) (2), les minerais sont riches, mais réfractaires, les charbons sont de mauvaise qualité, et le vent est froid.

Haut-fourneau de Plons.

Haut-fourneau de Westpoint.

---

(1) Voyez *Annales des mines*, 3ᵉ série, tome VI. Notice par M. Combes.

(2) Voyez *Annales des mines*, 3ᵉ série, tom. IX, Notice par M. Michel Chevalier.

Dans le travail au charbon seul on consommait par 1.000^k de fonte de forge, de 1.600^k à 1.700^k de charbon pesé au moment de l'emploi. Cette consommation est très-considérable.

Dans le mélange de bois et de charbon la proportion de bois s'est élevée jusqu'à $\frac{1}{3}$ du volume total; ce bois a remplacé le charbon volume pour volume, l'allure du fourneau, au lieu d'être dérangée, est devenue plus régulière, et la production a été augmentée.

Ces bons effets du bois sont attribués à son influence sur la combustion du charbon, qu'il soutient et rend plus perméable au vent des soufflets.

Quoique ces charbons soient de mauvaise qualité, et quoique le bois de charbonnage et le bois employé en nature contiennent une petite quantité de bois résineux, toutes causes qui tendent à rapprocher le bois du charbon, sous le rapport des quantités de chaleur qu'ils peuvent développer à volume égal, néanmoins il n'est pas probable que le bois employé en nature dans cette usine puisse, à volume égal, développer autant de chaleur que le charbon qu'il remplace; de sorte que, si cette allure se continue d'une manière régulière sans blanchiment de la fonte et sans diminution de rendement du minerai, et si d'un autre côté il n'a été fait aux dimensions intérieures du fourneau, simultanément avec l'emploi du bois, aucune modification qui puisse diminuer la consommation de combustible, il n'est possible de concevoir ce remplacement du charbon par le bois volume pour volume, qu'en admettant une action mécanique du bois de la nature de celle qui vient d'être indiquée, et qui aurait pour effet de permettre au charbon de brûler plus utilement dans le haut-fourneau. Cette même action mécanique pourrait régulariser la descente des charges, et rendre compte de l'amélioration d'allure survenue dans le fourneau depuis l'emploi du bois.

Le haut fourneau de Sumbola (Finlande) (1), marche au bois de pin seul, sans mélange de charbon.

Haut-fourneau de Sumbola.

Le minerai rend 29 pour o/o, la fonte est grise, la production mensuelle n'est que de 38.000$^{k.}$. D'après la notice des *Annales des mines*, la consommation de bois est, terme moyen, d'un roulement de trois mois, de 28$^{st.}$ par 1.000$^{k.}$ de fonte ; le roulement cité par M. Dumas, et qui correspond à la meilleure allure du fourneau, ne porte cette consommation qu'à 15 stères.

Ce dernier chiffre constituerait une allure assez économique, mais le premier représente une dépense de bois de beaucoup supérieure à celle qui a lieu dans les hauts-fourneaux ordinaires qui n'employent le bois qu'après carbonisation.

La trop grande différence de ces deux nombres doit faire craindre quelque erreur, et comme d'ailleurs la consommation de charbon qui avait lieu dans le fourneau, lorsqu'il travaillait au charbon seul, est portée à un taux excessif (22 $\frac{1}{2}$ mètres cubes de charbon, soit 45 stères de bois par 1.000 $^{k.}$ de fonte), on ne peut conclure qu'une seule chose de l'exemple de ce fourneau, c'est qu'il est possible d'alimenter les hauts-fourneaux avec le bois vert seul sans mélange de charbon.

---

(1) Voyez le tome **IV** *de la Chimie* appliquée aux art$_s$ de **M. Dumas**, et les *Annales des mines*, 3e série tome **IV**, Notice extraite des Annales des mines russes.

Économie de combustible qui peut résulter de l'emploi du bois vert dans les hauts-fourneaux.

De l'ensemble des exemples que je viens de citer, il résulte que, terme moyen, $1^{st.}$ de bois vert de taillis de 18 à 25 ans, d'essences mêlées, mais non compris les essences résineuses (1), peut dans les hauts-fourneaux remplacer $\frac{1}{2}$ mètre cube du charbon qui proviendrait de cette espèce de bois par la carbonisation en forêt, ce charbon étant mesuré au moment de l'emploi, c'est-à-dire à la sortie de la halle.

Ce stère de bois contient autant de carbone, et peut par suite développer autant de chaleur que $0^{m.c.},64$ de charbon, il n'en remplace que $0^{m.c.},5o$: cette différence peut venir en partie de la chaleur employée à chasser l'eau hygrométrique ; mais elle vient presque uniquement de ce que le bois se brûle dans le haut-fourneau moins complétement que ne fait le charbon, ce qu'on reconnaît à l'augmentation de la flamme du gueulard, qui indique une plus forte proportion de matières combustibles dans les gaz qui s'échappent du fourneau.

Ainsi, sous le rapport de l'économie de combustible, l'emploi du bois en nature équivaut à un procédé de carbonisation qui ferait rendre au bois, au lieu de 29 pour o/o en volume qu'il rend habituellement à la sortie de la halle, 5o pour o/o

---

(1) Pour les essences résineuses les résultats définitifs seraient sans doute les mêmes, mais les chiffres seraient différents, parce que, à la carbonisation, leur rendement en volume est plus considérable que celui des autres essences. D'ailleurs les essences résineuses ne sont ordinairement carbonisées qu'à l'état de futaie.

en volume, avec augmentation proportionnelle du rendement en poids (1).

D'après cela, l'économie de combustible qui résulterait de la substitution complète du bois au charbon serait mesurée par la différence des nombres 29 et 50, c'est-à-dire qu'elle serait de 42 pour o/o (2).

Si donc dans un fourneau on pouvait remplacer la totalité du charbon par du bois sans déranger son allure et sans altérer ses produits, et si le bois y était alors aussi avantageusement employé qu'il l'est dans son mélange avec le charbon, l'emploi du bois réaliserait une économie de combustible de 42 pour o/o de la consommation primitive.

La plus forte proportion, dont jusqu'ici l'expérience ait sanctionné l'emploi et qui ait donné lieu à une pratique régulière et usuelle sans aucun inconvénient, est celle de moitié du volume total de combustible.

Avec cette proportion 1re de bois remplaçant toujours $\frac{1}{2}$ mètre cube du charbon, l'économie de combustible est de 14 pour o/o.

Ainsi, 14 pour o/o est l'économie de combustible que, dans l'état actuel de l'expérience métallurgique, on peut attendre de l'emploi du bois vert dans les hauts-fourneaux.

----

(1) Le rendement habituel est de 17 p. 0/0 en poids ; ainsi il serait de 29,3 p. 0/0.

(2) Le maximum théorique de cette économie serait atteint si on parvenait à remplacer $0^{\text{m.c.}}64$ de charbon par 1 stère de bois, alors cette économie aurait pour mesure la différence des nombres 29 et 64, c'est-à-dire qu'elle serait de 55 p. 0/0 de la consommation primitive, limite que j'ai indiquée au commencement de ce mémoire ; mais il est à peu près impossible d'atteindre ce maximum.

Cette économie croîtra à mesure qu'on dépassera la proportion de moitié bois, moitié charbon, à laquelle elle est relative.

Économie d'argent qui peut résulter de l'emploi du bois vert dans les hauts-fourneaux.

$1^{st.}$ de bois remplaçant $\frac{1}{2}$ mètre cube de charbon mesuré à la sortie de la halle, qui, à raison de 29 pour o/o provient de $1^{st.}$ $\frac{7}{10}$ de bois, l'emploi du bois donnera une économie d'argent toutes les fois que pour acheter, rendre à l'usine et découper $1^{st.}$ de bois, il en coûtera moins que pour acheter et carboniser $1^{st.}$ $\frac{7}{10}$, et pour rendre à l'usine le charbon qui en proviendra.

Cette économie d'argent sera très-variable avec les localités ; les deux principaux éléments dont elle dépend sont la distance des coupes, ou, plus exactement, les frais de transport du bois, et surtout le prix des bois sur pied.

Ce dernier élément est très-différent pour les diverses contrées, et je vais donner l'évaluation approximative de l'économie pour chacune de ses principales valeurs, et pour une usine qui serait située dans les conditions les plus habituelles sous le rapport de la distance aux coupes de bois qui l'alimentent.

Prix du bois, rendu à l'usine et découpé. . Par stère de bois cordé.

Achat sur pied. **Le** prix du stère sur pied varie d'une contrée à l'autre, je le désignerai par . . . . a

Abattage, façon, cordage. **Le** prix le plus général est de ofr.,50 par stère ; mais il faut en déduire ofr.,20 pour le produit de la vente des branchages et du menu, il reste. . . . . o fr. 3o

Transport à l'usine. **Cet** élément varie à la fois avec la position de l'usine et avec la proportion de bois en nature qu'elle emploie. Il y a peu de hauts-fourneaux qui ne pourront tirer d'une distance

A reporter. . 　o fr. 3o

Report. . . 0 fr. 3o

moyenne de 8 kilomètres (deux lieues de poste), le bois qu'ils emploieront en nature, car ils le prendront dans les coupes les plus voisines, réservant les plus éloignées pour la carbonisation. S'ils n'employent que du bois ils devront l'aller chercher plus loin.

Je supposerai une distance moyenne de 10k. qui sera généralement trop forte pour les hauts-fourneaux consommant moitié bois, moitié charbon, et un peu trop faible pour la plupart de ceux qui ne consommeraient que du bois.

Le stère de bois vert peut être évalué à 36ok., terme moyen, et le transport coûtant 0fr. 25 par 1.000k. et par kilomètre, cela fait par stère. 0, 90

Empilage à l'usine. Cet élément sera variable avec l'emplacement de l'usine et les facilités qu'on aura de transporter en toute saison ; autant que le permettront l'état des chemins et les conditions imposées pour la vidange des coupes, il ne faudra amener le bois à l'usine qu'à mesure des besoins, et dans tous les cas il faudra un emplacement assez vaste pour que l'empilage ne s'élève jamais très-haut, soit terme moyen. 0, 10

Sciage et fente. La dépense nécessaire pour apporter le bois à la scie, le scier, le fendre, et le porter au gueulard a été déterminée ci-dessus, ci. 0, 70

Total . . . . . $a + 2$, 00

C'est-à-dire que, terme moyen, pour abattre, amener à l'usine et découper un stère de bois il faudra dépenser 2 fr.

Prix du charbon rendu à l'usine. . . . . . Par stère de bois cordé.

Achat sur pied. . . . . a

Abattage, façon, cordage, comme ci-dessus, déduction faite du produit de la vente des branchages. . . . 0fr. 3o

Transport à la faulde, terme moyen. 0, 10

Dressage d'après les prix habituels. 0, 14

Cuisage (carbonisation proprement dite), d'après les prix habituels. 0, 08

Transport du charbon à l'usine. Le stère de bois pesant 36ok rend, à 17 p. 0/0, 65k de charbon ; la distance moyenne des coupes peut être évaluée à 15 kilomètres (3 lieues 3/4 de poste), et les frais de transport à 0fr. 35 par 1.000k et par kilomètre (à raison des difficultés particulières de ce transport), ainsi le transport coûte. 0, 34

Emmagasinage du charbon et remplissage des rasses. Soit pour cela. 0, 04

Total. . . . . . . $a + 1$, 00

6

C'est-à-dire que, terme moyen, pour abattre et carboniser un stère de bois, et pour amener à l'usine le charbon qui en provient, il faut dépenser 1 franc.

Ainsi, pour 1 stère $\frac{7}{10}$, c'est $1,7\,(a+1)$.
Par suite l'économie résultant de l'emploi du bois vert sera de :

$$1.7\,(a+1)-(a+2^f.), \text{ ou } 0,7 \times a - 0^f.30.$$

Par stère employé en nature.

Cette économie est positive tant que le prix du stère de bois sur pied dépasse 45 cent. ; ainsi elle est positive pour la presque totalité des usines à fer placées relativement à la distance des coupes, dans les conditions moyennes que j'ai supposées ci-dessus.

Voyons maintenant quel est, pour les diverses parties de la France, le prix des bois consommés par les forges.

Prix des bois en France.

Sauf un petit nombre de localités exceptionnelles, ces prix ont toujours été en croissant depuis 1822, c'est-à-dire depuis la loi de douanes, qui, en élevant les tarifs, a rendu à peu près impossible l'entrée des fers étrangers.

À l'automne de 1836, c'est-à-dire à l'époque des ventes de coupes de bois de cette année, il y a eu une hausse brusque et très-considérable, qui avait pour cause la hausse extraordinaire que les fontes et les fers venaient d'éprouver.

Cette hausse des fers, qui était due plutôt à la spéculation qu'à une augmentation de demande pour des besoins réels, a cessé dans les premiers mois de 1837, et les fers sont revenus aux prix qu'ils avaient auparavant, et sont même descendus au-dessous ; néanmoins les ventes de bois de l'automne 1837 se sont faites, dans plusieurs contrées du moins, à des prix presque égaux à ceux de 1836; mais il n'est guère possible que ces prix se maintiennent, et il est probable qu'ils baisseront un peu sans descendre toutefois jusqu'au taux de 1835.

Ces deux années, 1836 et 1837, présentant une anomalie, je prendrai ici pour le taux régulier du prix actuel des bois des prix analogues à ceux de 1835, et seulement un peu plus élevés.

Ceci posé, voici quels sont en France les prix du stère de bois de charbonnage acheté sur pied dans les principaux districts de forges :

1 f. 50 c. Morbihan, Côtes-du-Nord.
2 00 Ille-et-Vilaine, Mayenne, Haute-Vienne, Indre, Dordogne, Lot-et-Garonne, Charente.
2 50 Partie de la Côte-d'Or et des Ardennes.
3 00 Partie de la Côte-d'Or et des Ardennes, Jura, Vosges, Nièvre, Cher.
3 50 Doubs, Meuse, Eure.
4 00 Partie de la Haute-Saône.
4 50 Partie de la Haute-Saône, presque toute la Haute-Marne.
5 00 et 6 fr. Partie de la Haute-Marne qui avoisine Saint-Dizier.

On voit que ces prix permettent à la plupart des usines d'obtenir de l'emploi du bois une économie assez notable.

Soit en effet un fourneau qui, dans le travail au charbon seul, consomme par 1.000 kilogr. de fonte le charbon provenant de 19 stères de bois (environ $5^{m.c.},5$ de charbon); cette consommation peut être regardée comme la consommation moyenne des hauts-fourneaux qui travaillent bien en fonte de forge et au vent froid.

Ce fourneau, employant un mélange de charbon et de bois à volumes égaux, économisera 14 p. o/o du combustible, d'après ce qui a été dit ci-dessus, et par suite il n'emploiera plus que $16\frac{1}{2}$

stères de bois, dont $12\frac{2}{3}$ stères convertis en charbon et $3\frac{2}{3}$ stères en nature. D'après cela :

Le prix du stère de bois sur pied étant de $a =$	1,50	2,00	2,50	3,00	3,50	4,00,	4,50	5,0
Au charbon seul il consommait, par 1.000 k. de fonte, 19 stères au prix de $a + 1$ f. soit.	47,50	57,00	66,50	76,00	85,50	95,00	104,50	114,0
Au mélange de bois et de charbon il consommera. 12ˢᵗ. $\frac{2}{3}$ au prix de $a + 1$ f. 3ˢᵗ. $\frac{2}{3}$ au prix de $a + 2$ f. soit	44,51	52,69	60,85	68,93	77,11	85,37	93,53	101,7
Économie pécuniaire par 1.000 k. de fonte.	2ᶠ.,99	4,31	5,65	7,07	8,39	9,63	10,97	12,29
Économie en centièmes de la dépense primitive en combustible. p. o/o.	6,	7,5	8,5	9,3	9,8	10,	10,5	11,

Ainsi l'économie pécuniaire est de 3 fr. à 12 fr.
par 1.000 kil. de fonte, soit de 6 à 11 p. o/o de
la dépense primitive (1), soit de 3.000 à 12.000 fr.
par an pour un haut-fourneau, dont la production
annuelle est, terme moyen, de 1 million de

---

(1) Généralement, soit un haut-fourneau qui, au charbon seul, consommait m stères de bois par 1.000 kil. de
fonte. Ces m stères coûtaient $m(a + 1)$.

Au mélange de bois et de charbon employés à volumes
égaux il consommera $\dfrac{2m}{3}$ stères de bois convertis en charbon

et $\dfrac{2(0,29)m}{3}$ de bois en nature, il dépensera donc

$\dfrac{2m(a+1) + 2(0,29)m(a+2)}{3}$ ou $m(0,86a + 1,05)$.

L'économie pécuniaire par 1.000 kilogr. de fonte sera en
francs, de $m(0,14a - 0,05)$.

kilogr.. et qui, relativement à la distance des coupes qui l'alimentent, serait placé dans les conditions moyennes que j'ai supposées ci-dessus.

RÉSUMÉ DE L'EMPLOI DU BOIS VERT DANS LES HAUTS-FOURNEAUX.

Résumons les principaux résultats de l'emploi du bois vert dans les hauts-fourneaux.

1° Le bois vert a été employé en diverses proportions. La plus forte proportion qui jusqu'ici ait donné lieu à une pratique régulière et sans aucun inconvénient est celle de moitié du volume total du combustible : il est permis d'espérer que cette proportion pourra être dépassée.

2° Il est employé dans des fourneaux qui travaillent, les uns en fonte de forge, les autres en sablerie, et l'un d'eux en fonte pour 2ᵉ fusion. Dans la plus grande partie de ces fourneaux le vent est chaud, mais il ne paraît pas une condition nécessaire à l'emploi du bois.

Le vent chaud augmente l'effet utile du bois, comme il augmente celui du charbon, mais il ne paraît pas que l'augmentation soit plus grande pour le bois.

3° Aucune modification spéciale n'a été faite aux hauts-fourneaux pour les rendre propres à l'emploi du bois, et aucun essai n'a été tenté à ce sujet, on les a généralement employés tels qu'ils étaient auparavant pendant le travail au charbon seul; il est probable cependant qu'il y aurait avantage à y faire quelques modifications qui devraient consister surtout dans l'exhaussement de la cuve et l'élargissement du gueulard.

4° Généralement le volume de la charge de combustible est resté à peu près ce qu'il était au charbon seul, c'est-à-dire qu'une partie du charbon a été remplacée par volume égal de bois ; mais comme le bois n'a pas, à volume égal, autant de valeur calorifique que le charbon, on a diminué la charge de minerai.

5° La descente des charges s'est en général accélérée, de sorte que la production mensuelle est restée à peu près la même.

6° L'allure des fourneaux est régulière, et ne présente point d'accidents, à l'exception cependant des chutes de minerai qui, dans quelques fourneaux, sont devenues plus fréquentes.

7° Le rendement du minerai n'est généralement pas diminué.

8° La nature de la fonte n'est pas modifiée ; elle est restée grise comme elle était auparavant dans tous les fourneaux dont il s'agit ; cependant on observe généralement que son grain est devenu plus fin, ce qui indique un premier pas fait vers la nature de la fonte blanche ; il est probable que cet effet est dû, soit à une légère diminution de la température dans l'intérieur du fourneau, soit plutôt à l'action des chutes de minerai sur la fonte déjà rassemblée dans le creuset.

Cette modification est d'ailleurs très-légère, elle ne nuit pas à la qualité de la fonte, soit pour forge, soit pour moulage de première fusion, soit pour refonte. La fonte de forge devient plus aisément affinable, ce qui s'accorde avec le commencement de blanchiment qu'elle subit.

9° 1 stère de bois taillis d'essences mêlées (à l'exception des essences résineuses) remplace, terme moyen, dans les hauts-fourneaux, $\frac{1}{2}$ mètre cube du charbon qui provenait de cette espèce de bois.

Ainsi, sous le rapport de l'économie de combustible, l'emploi du bois vert équivaut à un procédé de carbonisation qui, au lieu de 29 p. o/o en volume, que le bois rend habituellement en charbon mesuré à la sortie de la halle, ferait rendre à ce bois 50 p. o/o en volume, avec augmentation proportionnelle du rendement en poids.

D'après cela, si tout le charbon était remplacé par du bois, l'économie de combustible aurait pour mesure la différence des nombres 50 et 29, c'est-à-dire qu'elle serait de 42 p.o/o de la consommation primitive, mais comme on ne peut jusqu'ici compter que sur l'emploi d'un mélange de bois et de charbon à volumes égaux, ce qui correspond au remplacement du tiers du charbon par du bois, l'économie n'est encore que de 14 p. o/o.

10° L'économie pécuniaire est variable d'une usine à l'autre, et dépend surtout du prix du bois et de la distance des coupes : pour les hauts-fourneaux qui, relativement à la distance des coupes, sont placés dans les conditions moyennes, l'économie d'argent serait de 3 fr. à 12 fr. par 1.000 k. de fonte, suivant que le prix du stère de bois sur pied serait de 1 fr. 50 c. à 5 fr. ; et pour le prix moyen de 3 fr. 50 c., qui est commun au plus grand nombre de nos usines à fer, cette économie serait de 8 fr. 50 c. par 1.000 k. de fonte, soit 10 p. o/o de la dépense de combustible qui a lieu dans le travail au charbon seul, soit 8,500 fr. par an, et par haut-fourneau, pour une production moyenne d'environ 1 million de kilogrammes.

Il existe en France un grand nombre de hauts-fourneaux qui, relativement à la distance des coupes, sont dans des conditions beaucoup plus favorables que les conditions moyennes que j'ai supposées, soit parce que cette distance est moindre, soit parce qu'on peut y flotter le bois. Ces hauts-fourneaux obtiendront de l'emploi du bois des avantages pécuniaires supérieurs à ceux que je viens d'indiquer.

CHAPITRE III.

EMPLOI DU BOIS VERT DANS LES FEUX D'AFFINERIE.

La forge d'Oberbruck (Haut-Rhin), dépendance du haut-fourneau de Massevaux, et exploitée par MM. Stehelin, est la seule où jusqu'ici, à ma connaissance du moins, le bois vert ait été employé.

Cet emploi, commencé au milieu de l'année 1837, n'y est encore qu'à l'état d'essai.

Le bois est scié en bûchettes de 10 centimètres de longueur, et on refend toutes celles qui ont plus de 8 centimètres de diamètre. C'est presque uniquement du bois de pin.

L'emploi du bois a d'abord commencé au vent froid, maintenant le vent est chauffé à la température de 250 à 300 degrés centigrades.

Le bois n'est pas employé à tous les instants de l'opération, et l'est principalement pendant la période de l'affinage qui suit le forgeage de la pièce et la fusion de la gueuse : il ne nuit en rien à la qualité du produit.

Dans le volume total du combustible consommé, le bois n'a pas encore dépassé la proportion de 40 p. o/o, le reste est du charbon de pin.

Autant qu'on en peut juger par les résultats de ces premiers essais, 1 stère de bois de pin remplacerait environ $0^{m.c.}$,65 de charbon de pin, tandis qu'à la carbonisation en forêt il n'en donne que $0^{m.c.}$,44.

D'après cela on pourrait concevoir l'espérance d'arriver à employer une assez grande proportion de bois vert dans les feux d'affinerie et d'en obtenir une économie notable de combustible; mais cet emploi n'étant encore qu'à l'état d'essai, il serait tout à fait prématuré de rien conclure à présent.

DEUXIEME PARTIE.

DU BOIS DESSÉCHE.

L'emploi du bois desséché et le procédé de dessiccation, tels que je vais les décrire, ont été imaginés et appliqués par M. Gauthier de Montagney (Doubs), qui exploite en Franche-Comté un grand nombre d'usines à Fer.

CHAPITRE PREMIER.

DESSICCATION DU BOIS. — DÉCOUPAGE DU BOIS DESSÉCHÉ.

Le bois est desséché dans des séchoirs en maçonnerie qui reçoivent la chaleur perdue des hauts-fourneaux, ou des feux d'affinerie, ou la chaleur de foyers spéciaux.

Les *figures* 1, 2, 3 représentent un séchoir chauffé par la chaleur perdue d'un haut-fourneau ou feu de forge.

Ces séchoirs sont à peu près cubiques; ils ont, suivant les usines, de 2^{m},50 à 3^{m},50 de côté en carré, sur une hauteur de 2^{m},3 à 3 mètres. Le plus généralement ils ont 3^{m},30 de côté en carré, sur 2^{m},70 de hauteur, ce sont ces dernières dimensions qui ont été figurées. Le fond est formé par un plancher en fonte, les côtés verticaux sont en maçonnerie de briques, le toit est horizontal, et formé de briques posées à plat sur des traverses de fonte. Le bois remplit le séchoir, la flamme et les fumées arrivent et circulent sous le plancher en fonte, et de là s'élèvent par de petites cheminées jusqu'au toit du séchoir, d'où elles se répandent dans la masse même du bois qu'elles échauffent au contact immédiat; puis, mêlées aux vapeurs du bois, elles se dégagent dans l'air par de petits ouvreaux ménagés au niveau du fond du séchoir.

Explication des figures.

A   Conduit commun à plusieurs séchoirs, et qui y amène les gaz du haut-fourneau ou des feux d'affinerie

B et C Deux registres qui servent à régler l'introduction de la chaleur dans le séchoir.

D   Carneau dans lequel la chaleur est d'abord introduite et qui règne sous toute l'étendue du plancher en fonte. Dans ce carneau la flamme circule à volonté, elle n'est arrêtée que par de petits piliers de briques E qui supportent les plaques de fonte.

G   Deux petites cheminées ménagées dans l'épaisseur du mur, et qui amènent les gaz et les fumées dans l'intérieur même du séchoir à la partie supérieure.

H   Ouvreaux par lesquels s'échappent les gaz et les fumées avec les vapeurs aqueuses du bois.

I   Porte de chargement et de déchargement pour le bois.

K   Chevalets de fonte ou tasseaux de briques sur lesquels reposent les bûches, afin qu'elles ne s'échauffent pas trop au contact du plancher de fonte.

Quand ces séchoirs, au lieu d'être chauffés par des chaleurs perdues, sont chauffés par des foyers spéciaux, ces foyers sont placés, au nombre de deux par séchoir, à la place du conduit commun

A, et toutes les autres dispositions restent d'ailleurs, les mêmes. Ces foyers spéciaux sont alimentés avec du bois, et ils n'ont été employés que comme moyen d'essai préliminaire avant de faire les constructions nécessaires pour supporter les séchoirs à la hauteur du gueulard.

Cette disposition des chambres de dessiccation est bien conçue, et satisfait aux conditions que doivent remplir tous les séchoirs, savoir : l'introduction de l'air chaud par la partie supérieure, et l'échappement de l'air saturé d'humidité par la partie inférieure, de sorte que l'effet utile de la chaleur introduite est aussi grand que possible. La circulation des gaz sous le plancher de fonte a d'ailleurs pour effet d'établir dans la partie inférieure une chaleur aussi élevée et même plus élevée que celle qui a lieu à la partie supérieure, à l'entrée même des gaz, de sorte que l'échauffement et la dessiccation sont parfaitement uniformes.

Le bois est desséché tel qu'il vient des forêts, c'est-à-dire en bûches qui ont généralement de $0^m,7$ à $0^m,8$ de longueur.

Il est placé sur des chevalets de fonte ou des tasseaux de briques qui ont pour but de faciliter le dégagement des vapeurs et des gaz, et de prévenir le trop grand échauffement qui aurait lieu au contact immédiat du plancher de fonte. A la partie inférieure, les bûches sont régulièrement arrangées par lits superposés, et elles laissent entre elles un intervalle de 4 centimètres environ ; les bûches de deux lits successifs se croisent à angle droit. Cet arrangement régulier a pour but de faciliter le passage des gaz ; il a lieu seulement sur environ 1^m de hauteur ; ensuite les bûches sont jetées irrégulièrement et pêle-mêle. Les grosses bûches sont placées à la partie inférieure où règne la température la plus élevée, et les plus petites sont vers le haut.

Le bois est ainsi empilé sur une hauteur d'environ 2^m; il reste entre le plancher de fonte et le premier lit une distance de o^m,2, entre le dessus de la pile et le toit de la chambre une distance de o^m,5.

Cet arrangement du bois, régulier sur une moitié de la hauteur avec un grand nombre de vides ménagés exprès, et irrégulier dans le reste de la hauteur, laisse entre les bûches une proportion de vides beaucoup plus grande que celle qui a lieu dans le bois cordé. Un stère de bois cordé ainsi arrangé occupe un volume de $1^{m.c.},3$ à $1^{m.c.},4$, de sorte que le séchoir contient environ 16 stères de bois cordé.

Quand l'empilage est terminé, on ferme avec une maçonnerie postiche la porte de chargement I, on lute les joints avec de l'argile et on donne la chaleur.

Mode de chauffage des séchoirs. Quand le séchoir est chauffé par des foyers spéciaux (1), le bois brûle sur deux petites grilles qui ont chacune environ o^m,30 de largeur sur o^m,50 de longueur : on y conduit la combustion avec lenteur et en l'étouffant un peu, afin d'éviter l'inflammation du bois des séchoirs.

Quand le chauffage a lieu au moyen de chaleurs perdues, on a toujours le soin d'employer préalablement ces chaleurs à d'autres usages, par-

______

(1) Il y a des foyers spéciaux à Vellexon, Trecourt et Breurey : la dessiccation se fait avec la chaleur perdue du gueulard à Baigne, la Romaine, Étravaux et Montagney, et avec la chaleur perdue des feux d'affinerie à Baumotte, Villersexel, Saint-Georges et le Magny.

ce que, pris trop près du gueulard ou du feu d'affinerie, les gaz auraient une température trop
élevée et distilleraient le bois qu'ils doivent seulement dessécher, et en outre parce qu'après cet
emploi ces gaz ne peuvent plus servir à aucun
autre usage, puisqu'à la sortie des séchoirs ils
s'échappent mêlés aux vapeurs aqueuses qu'ils ont
dégagées du bois.

Ordinairement dans les hauts - fourneaux la
chaleur du gueulard est d'abord employée à chauffer le vent; dans les feux d'affinerie la chaleur
perdue chauffe ordinairement des fours d'échauffement pour le fer de tirerie, ou des chaudières
de recuit pour le fil de fer, puis elle chauffe
le vent, et enfin elle arrive dans les séchoirs.

La figure 5 représente la disposition générale
des séchoirs tels qu'ils sont établis au gueulard
du haut-fourneau de la Romaine (Haute-Saône).

a   Gueulard surmonté d'une cheminée qui entraîne les
gaz quand on ne veut pas les employer, et qui, dans
le cas contraire, est fermée par un registre de fonte.

b   Four d'échauffement pour le vent : il est surmonté
d'un conduit qui mène les gaz à la cheminée du gueulard, quand on ne veut pas les employer dans les
séchoirs.

c   Conduit commun qui reçoit les gaz à leur sortie du
four b, et les distribue aux séchoirs au moyen de
registres.

d   Ensemble de 5 séchoirs pareils à celui qui est repré-
senté par les figures 1, 2, 3.

La figure 6 représente la disposition générale
des séchoirs, tels qu'ils sont établis sur les feux
d'affinerie de l'usine du Magny (Haute-Saône).

a,a   4 feux d'affinerie. Leur chaleur perdue chauffe le vent,
recuit le fil de fer, puis arrive aux séchoirs.

c   Conduit commun qui reçoit les gaz et les distribue aux séchoirs.

d   11 séchoirs.

e   Plate-forme de chargement et de déchargement. Elle est à environ 0^m,50 au-dessous du plancher de fonte des séchoirs, et seulement à 3 ou 4 mètres au-dessus du niveau des feux d'affinerie. Les voitures attelées y arrivent par une pente douce.

Ces deux dispositions générales sont très-bien entendues ; dans d'autres usines elles sont moins régulières, parce qu'il a fallu s'y conformer aux conditions d'emplacement qu'elles présentaient.

Les séchoirs du gueulard ou des feux d'affinerie sont souvent supportés par des cadres de charpente, qu'on préfère à la maçonnerie, afin d'économiser l'espace. Alors le massif des séchoirs repose ordinairement sur un ensemble de petits berceaux en briques un peu surbaissés, qui ont 1 mètre d'ouverture, et qui s'appuient sur des traverses de bois posées horizontalement, et appuyées elles-mêmes sur des poteaux montants. Sur l'extrados de ces berceaux on place une couche de sable d'environ 0^m,50 d'épaisseur, qui empêche la chaleur de se communiquer à la maçonnerie, et par suite à la charpente ; la surface supérieure de ce sable forme le sol du carneau qui règne sous le plancher de fonte des séchoirs.

Conduite et durée de l'opération.

Pendant les premières heures de l'opération les gaz sortent seuls, le bois n'étant pas encore échauffé ; ensuite ils sortent mêlés à des vapeurs aqueuses ; enfin ils commencent à entraîner avec eux quelques matières charbonneuses du bois, ce qu'on reconnaît à leur odeur, qui devient piquante.

Cette dessiccation n'ayant d'autre but que d'enlever au bois l'eau hygrométrique qu'il renferme, on pourrait l'arrêter aussitôt que paraissent ces vapeurs noires et piquantes, qui indiquent un commencement de distillation; mais en général on laisse continuer l'opération encore pendant quelques heures, afin d'obtenir une dessiccation complète jusqu'au centre des bûches. La durée de l'opération est variable avec la quantité de chaleur qu'on introduit dans le séchoir; ordinairement elle est de 48 heures : avec moins de chaleur la dessiccation est plus lente, et cette lenteur n'a d'autre inconvénient que d'exiger un plus grand nombre de séchoirs; avec plus de chaleur l'opération est accélérée, mais elle est accompagnée dès l'origine d'un commencement de distillation. Cet excès de chaleur n'a d'ailleurs pas l'inconvénient de pouvoir enflammer le bois, car les gaz qui s'échappent des hauts-fourneaux et sans doute même ceux qui s'échappent des feux d'affinerie ne sont pas oxidants, et ne pourraient opérer cette inflammation que dans le cas où, y introduisant de l'air atmosphérique pour les brûler et augmenter leur chaleur, on l'introduirait en excès.

Lorsqu'on reconnaît que la dessiccation est achevée, on ferme les registres de manière à interrompre complétement l'introduction de la chaleur, on bouche hermétiquement tous les ouvreaux au moyen de tampons en briques, dont on lute les bords, et on laisse refroidir : si on laissait les ouvreaux ouverts après la fermeture des registres, l'air atmosphérique, n'étant plus repoussé par le courant de gaz et de vapeurs, s'introduirait dans le séchoir et enflammerait le bois.

Le refroidissement dure ordinairement 24

heures; après ce laps de temps on peut ouvrir le séchoir et défourner le bois.

La conduite de l'opération ne présente pas de difficulté, et l'opération elle-même n'a d'autre inconvénient que les vapeurs acides qui se dégagent par les ouvreaux à la fin de la dessiccation, et par les fissures des ouvreaux pendant le commencement du refroidissement. Ces vapeurs gênent peu les ouvriers, pourvu qu'on ait le soin de leur ménager de nombreuses issues à travers le toit.

Un des séchoirs du haut-fourneau d'Étravaux a sauté, et cet accident doit sans doute être attribué à l'explosion du gaz hydrogène, qui, développé par un commencement de distillation, aura été enflammé par une introduction accidentelle d'air atmosphérique.

État auquel la dessiccation amène le bois. Le bois desséché a une couleur brun foncé qui prouve qu'il a subi un commencement de distillation.

La couleur du bois desséché est très-uniforme du centre à la circonférence des bûches, et dans toutes les parties du séchoir.

Pour l'usage de la forge le bois est plus fortement desséché que pour l'usage du haut-fourneau, c'est-à-dire que le commencement de distillation qu'il subit dans tous les cas est poussé à un terme plus avancé.

Ce bois desséché est un peu hygrométrique; mais ce fait est sans importance pour les usines, attendu que l'absorption d'eau est très-peu considérable, et surtout très-lente, tandis que le bois desséché est et doit être nécessairement employé à mesure de la dessiccation.

Perte en poids. La perte de poids opérée par la dessiccation n'est pas connue d'une manière précise, elle correspond à toute la proportion d'eau hygrométrique contenue dans le bois, et de plus, à une petite quantité de matières combustibles entraînées par le commencement de distillation : d'après cela, il est probable que pour des bois qui, terme moyen, ont 6 mois de coupe, et contiennent environ 3o pour o/o d'eau hygrométrique, cette perte en poids est de 3o à 4o pour o/o, suivant le terme auquel a été poussé le commencement de distillation.

Perte en volume.

La perte en volume est mieux connue, parce que c'est au volume qu'on mesure le bois vert et le bois desséché.

Dans le séchoir, la hauteur du bois empilé qui le remplit diminue généralement de $\frac{1}{6}$, il y a en outre une légère diminution dans les autres sens; mais, comme il est inutile de corder le bois après dessiccation, on ne connaît pas avec précision le rapport du volume du bois cordé vert et du bois cordé sec qui en provient, la seule chose qu'on connaisse, et la seule qui importe à l'usine, c'est le rapport du volume du bois cordé vert et du bois desséché et découpé qui en provient.

Au haut-fourneau de Breurey, la corde de 1oo pieds cubes ou 3$^{\text{m.c.}}$,7o4 donne en bois desséché et découpé 5 $\frac{1}{2}$ à 5 $\frac{3}{4}$ cuveaux de o$^{\text{m.c.}}$,55 l'un, soit 83 pour o/o.

Au haut-fourneau du Magny la même corde donne 6 cuveaux de $\frac{1}{2}$ mètre, soit 81 p. o/o; généralement le rendement pour les hauts-fourneaux est de 8o p. o/o en volume, c'est-à-dire que 1$^{\text{st.}}$ de bois vert cordé donne o$^{\text{m.c.}}$,8 de bois sec découpé.

A la forge de Villersexel la même corde donne 5 cuveaux de $\frac{1}{4}$ de mètre, soit 71 p. o/o; à celle de Saint-Georges la corde de 90 pieds cubes ou $3^{\text{m.c.}}$,33 donne 4 cuveaux $\frac{4}{10}$ de $\frac{1}{2}$ mètre cube, soit 66 p. o/o.

Généralement pour les feux d'affinerie on peut admettre 70 p. o/o.

Travail
d'un séchoir.La durée moyenne d'une opération est de 4 jours, savoir : 1 pour enfourner et défourner, 2 pour sècher et 1 pour refroidir; à $16^{\text{st.}}$ par opération, cela fait par jour et par séchoir $4^{\text{st.}}$ de bois soumis à la dessiccation.

Un haut-fourneau qui brûle environ moitié charbon, moitié bois desséché, comme ceux que je citerai plus loin, consomme, par 1.oook de fonte, le bois desséché provenant d'environ $4^{\text{st.}}$ de bois cordé; ainsi, il faut à ce fourneau autant de séchoirs qu'il fait par jour de milliers de kilo-grammes de fonte.

Aux hauts-fourneaux d'Etravaux et de Baigne il y a trois séchoirs, 4 à Trécourt et Breurey, et 5 à la Romaine.

Un feu d'affinerie qui brûle de même environ moitié charbon, moitié bois desséché consomme, par 1.oook. de fer, le bois desséché provenant de 5 $\frac{1}{2}$ à $6^{\text{st.}}$ de bois vert, et, comme sa pro-duction journalière est d'environ 8ook de fer, un séchoir de dimension moyenne est insuffisant pour un feu d'affinerie, et il en faut généralement 3 pour 2 feux.

Découpage du bois desséché.

Dimensions
des bûchettes.Le bois est découpé après dessiccation, la lon-gueur des bûchettes est généralement de 13 centi-mètres pour le haut-fourneau et de 8 à 10 pour la forge; on refend, pour le haut-fourneau, toutes celles dont le diamètre dépasse 8 centimètres, et pour la forge celles qui ont plus de 5 à 6 centimètres.

Le seul instrument employé, avec la hache pour refendre, est la scie circulaire; elle est établie absolument comme pour le bois vert et travaille de même. Le bois desséché à l'air est plus difficile à scier et exige plus de force motrice que le bois vert; c'est un fait depuis longtemps admis, et il semblerait qu'il devrait en être de même pour le bois desséché à l'étuve; cependant dans plusieurs usines où ce bois est employé, ainsi que le bois vert, on admet le contraire, c'est-à-dire que le bois desséché à l'étuve exige moins de force que le bois vert; ce résultat, s'il est exact, doit être attribué au commencement de décomposition que le bois éprouve dans les séchoirs.

Une scie, faisant 1.500 tours par minute, débite en 24 heures en bûchettes de 13 centimètres de longueur le bois sec provenant d'environ 15$^{st.}$ de bois vert cordé.

Frais de dessiccation et de découpage.

Apporter le bois au séchoir, du séchoir à la scie et de la scie au gueulard ou au feu d'affinerie. Les frais de ce transport sont variables avec les dispositions de l'usine, on peut admettre que généralement ils s'élèvent, terme moyen, à 0$^{fr.}$20 par stère de bois vert cordé.

Enfourner, défourner et surveiller les séchoirs. Deux hommes et un enfant font aisément le travail de 3 séchoirs, qui sèchent ensemble 12$^{st.}$ par jour, ainsi, c'est 3 fr. 60 pour 12$^{st.}$, soit par stère 0$^{f.}$30.

Combustible pour le chauffage des séchoirs.

Les séchoirs devant toujours être chauffés par les chaleurs perdues des feux ou fourneaux, cette dépense est nulle, et cet article n'est porté ici que pour mémoire.

Quand, pour essai, on a chauffé les séchoirs avec des foyers spéciaux avant de les placer au gueulard ou sur les feux d'affinerie, on a brûlé dans ces foyers des bois de qualité inférieure, comme le menu des coupes et les essences tendres. Alors, pour dessécher 4$^\text{st.}$ on brûlait 1$^\text{st.}$, soit 25 p. o/o en volume. Cette consommation, toute considérable qu'elle est, n'est pas plus forte qu'elle ne doit être ; en effet, 1$^\text{st.}$ de bois à dessécher, composé principalement d'essences dures et ayant terme moyen 6 mois de coupe, pèse environ 360k, le bois qu'on consomme ne pèse guère que 250k le stère, ainsi on brûle pour la dessiccation 17 p. o/o du poids du bois à dessécher, soit 17k de bois pour dessécher 100k ; or, le bois à 6 mois de coupe contient environ 30 p. o/o d'eau, de sorte qu'on consomme 17k de bois pour évaporer 30k d'eau ; ainsi le kilogramme de bois évapore un peu moins de 2 kilogrammes d'eau, ce qui est un résultat suffisant, car ce bois n'a lui-même que 6 mois de coupe, terme moyen, et de plus la dessiccation est suivie d'un commencement de distillation qui consomme un peu de chaleur (1).

Scier et fendre le bois desséché. Dans presque toutes les usines ce travail a lieu à prix fait, et se compose du sciage, de la fente, du remplissage des rasses et du transport des rasses jusqu'à la porte de la chambre de sciage, où les chargeurs ou

---

(1) Le bois d'un an de coupe employé dans les fourneaux ordinaires à la production de la vapeur d'eau, n'évapore ordinairement que de 2 à 2 $\frac{1}{2}$ fois son poids d'eau.

rouleurs viennent les prendre. Pour les hauts-fourneaux le prix habituel est de 5ᶜ par rasse, dont 6 font le cuveau de ½ mètre cube, soit 60ᶜ par mètre cube de bois découpé : à raison du rendement de 80 p. o/o, c'est 48ᶜ pour la quantité de bois desséché provenant de 1ˢᵗ·ᵉ de bois vert cordé.

Quand la vitesse des scies est très-considérable, le prix est moindre : au haut-fourneau de Trécourt, par exemple, la vitesse étant de 3.000 tours, le prix n'est que de 4ᶜ par rasse, soit 38ᶜ par stère de bois vert.

Pour la forge, le prix de la rasse est plus considérable, parce que le bois est débité plus fin : à Saint-Georges, par exemple, où le travail se fait à la journée, ce prix est d'environ 7ᶜ par rasse de 1/10 de mètre cube l'une, ainsi c'est 70ᶜ par mètre cube de bois découpé, et comme 1ˢᵗ·ᵉ de bois vert cordé ne donne que 0ᵐ·ᶜ·,70 de bois sec découpé, cela fait 49ᶜ pour la quantité qui provient de 1ˢᵗ·ᵉ de bois vert cordé.

Généralement on peut admettre que, terme moyen, le découpage du bois desséché coûte 50ᶜ pour la quantité qui provient de 1ˢᵗ·ᵉ de bois vert cordé.

Frais d'établissement et entretien des séchoirs. Un séchoir établi au gueulard ou sur un feu d'affinerie coûte environ 1.800 fr., savoir :

Fonte.	pour le fond, plaques de 2 centimètres d'épaisseur . 2.500k. pour la toiture, barreaux de même épaisseur. . . 1.500	4.000k à 200 fr.	800fr.

Maçonnerie de briques, 20m.c. à 25 fr. l'un 500
Maçonnerie ou *charpente pour support*, on peut l'évaluer, terme moyen, à 400
Frais divers comme sable, registres, etc. 100
____
1 800fr.

Pour intérêt de cette somme et pour entretien, soit 10 p. o/o, c'est 180 fr.

Le séchoir sèche par jour 4 stères, soit par année de 300 jours 1.200 stères; ainsi, cela fait par stère 15 centimes.

Frais d'établissement et entretien des scies. C'est à peu près comme pour le bois vert, soit 5 centimes pour la quantité de bois sec découpé, provenant de 1 stère de bois vert cordé.

Ainsi, en résumé :

Frais de dessiccation et de découpage, par stère de bois vert cordé.

Transport du bois dans l'intérieur de l'usine aux séchoirs,
à la scie et au fourneau 0,20
Dessiccation 0,30
Sciage et fente 0,50
Frais d'établissement et entretien des séchoirs 0,15
Frais d'établissement et entretien de la scie. 0,05

Total.   1,20

Les frais de découpage pour le bois vert sont, comme il a été dit ci-dessus, de 0,70 par stère ; ainsi l'augmentation de frais résultant de la dessiccation est de 0,50 par stère.

CHAPITRE II.

EMPLOI DU BOIS DESSÉCHÉ DANS LES HAUTS-FOURNEAUX.

Les hauts-fourneaux dans lesquels le bois desséché a été ou est employé, sont ceux de Trécourt, Breurey, Etravaux, Vellexon, Magny, Montagney et Baigne; ils sont tous exploités par M. Gauthier.

C'est dans le fourneau de Montagney qu'ont eu lieu les premiers et les plus nombreux essais dès l'année 1836, sous la direction immédiate de M. Gauthier, et c'est delà que le procédé s'est répandu dans les autres usines de ce maître de forges.

L'emploi du bois desséché n'est pas encore arrivé dans ces usines à l'état de pratique tout à fait régulière et sans accidents, et doit être considéré comme y étant encore à l'état d'essai, quoiqu'il y soit usuel depuis assez longtemps déjà; d'ailleurs je n'ai pas eu communication assez complète des essais et des roulements pour pouvoir en apprécier avec certitude tous les résultats.

Haut-fourneau de Trécourt.

Le haut-fourneau de Trécourt est situé dans la commune de Saint-Andoche, département de la Haute-Saône, à 1 myriamètre Est de la petite ville de Champlitte.

Le minerai est froid et réfractaire, c'est du minerai en grain. *Minerai.*

Les mesures locales sont le cuveau de $\frac{1}{4}$ de mètre cube et la conge de $\frac{1}{12}$ de cuveau ou de 21 litres.

Les mesures pour la castine sont les mêmes que pour le minerai. *Castine.*

Le bois de charbonnage est du taillis de 18 à 25 ans, qui contient environ $\frac{2}{3}$ d'essences dures. *Bois.*

Les mesures de consommation pour le charbon sont le cuveau de $\frac{1}{2}$ mètre et la rasse de $\frac{1}{6}$ de cuveau ou 83 litres.

Le bois desséché est de même espèce que le bois de charbonnage, les mesures de consommation sont les mêmes que pour le charbon.

Le vent est chaud. *Soufflerie.*

Il n'a été fait au fourneau aucune modification pour le disposer à l'emploi du bois. *Fourneau.*

La fonte est grise, uniquement destinée à la forge, avec quelques moulages à découvert. *Produit.*

Travail au charbon seul.

Voici l'ensemble de deux mois, qui représentent l'allure moyenne du fourneau au charbon seul :

```
Nombre de charges . . . 1.843 pour 61 jours, soit par jour . . 30
Charbon . . . . 1.843 cuveaux . . . . . . . . . . = 921m.c., 5
Minerais . . . . 1.178½ cuveaux . . . . . . . . = 294,    62
Castine . . . . . 322 cuveaux  . . . . . . . . = 80,     5
Fonte . . 148.548k., soit par mois 74.274k.
```

Composition habituelle de la charge.

```
Charbon. 1 cuveau de 6 rasses . . . . . . . . . . . = 0m.c.,500
Minerai. 7 conges ¾ . . . . . . . . . . . . . . . . . . 0, .   163
Castine. 2 conges 11/10 . . . . . . . . . . . . . . . . . 0,     43
                                                        ________
                                                     0m.e.,706
```

Consommation aux 1.000k. de fonte.

```
Charbon. 6m c.,203, qui à 210k. l'un, pèsent 1.303k., et qui à 29
  p. o/o proviennent de 21st.,379 de bois.
Minerai. 1m.c.,983 à 1.620k. l'un, 3.213k.
  Ainsi, le minerai a rendu 31,1 p. o/o
Castine. 0m.c.,542 à 1.350k. l'un 732k.
```

Les 1.000k. de charbon ont fondu { *Minerai.* 2.465k
                                       { *Castine*   562
                                                ____
                                                 3.027

Appréciée d'après le rapport de la consommation de combustible à la quantité de fonte produite, cette allure paraît peu économique, mais ce reproche disparaît quand on l'apprécie par la comparaison de la consommation de combustible avec le poids des matières fondues, c'est-à-dire quand on tient compte de la pauvreté des minerais et de la grande quantité de castine qu'ils exigent à cause de leur nature réfractaire.

Travail au mélange de charbon et de bois desséché.

L'emploi du bois desséché a commencé avec le fondage actuel en juin 1827.

Voici le roulement de septembre 1827.

```
Nombre de charges. . . 660 pour 30 jours, soit par jour . 22.
Charbon. 416 cuveaux 2 rasses. . . . . = 208m.c.,17
Bois desséché. 267 cuveaux 3 rasses. . . = 133    ,75
Minerai. 416 cuveaux . . . . . . . . = 104    .00
Castine. 15½ cuveaux. . . . . . . . . = 28    ,87
Fonte. . . . . 48.323 k.
```

Dans le volume total du combustible le bois desséché est entré pour 39 p. o/o.

Composition habituelle de la charge :

Charbon. 3 ¼ rasses. . . . . . $=$ 0m.c.,311
Bois desséché. 2 ½ rasses. . . . $=$ 0   ,207
Minerai . 7 ½ conges. . . . . $=$ 0   ,157
Castine. 2 ½ conges. . . . . . . $=$ 0   ,043
────────────
0m.c.,718

Consommation aux 1.000 kil. de fonte :

Charbon. 4m.c.,308, qui, à 29 p. o/o, proviennent de 14st.,855 de bois cordé.

Bois desséché. 2m.c.,747, qui, à 80 pour o/o, proviennent de 3st.,434 de bois vert cordé, qui, à 29 p. o/o, eussent donné 1m.c.,184 de charbon de forêt.

Consommation totale . . . . . { évaluée en bois . . . 18st.,289
{ évaluée en charbon. 5m.c.,492

Minerai. 2m.c.,152 à 1.620 k. l'un. . . . . 3.486 k.
D'où rendement. 28,7 p. o/o.
Castine. 0m.c.,597 à 1.350 k. . . . . 805 k.

Comparons les résultats du travail au charbon seul, avec les résultats du travail au mélange de charbon et de bois desséché, dans lequel le bois desséché entre pour environ 40 p. o/o du volume total. Comparaison.

1° Aucune modification n'a été faite aux dimensions du fourneau.

2° Une partie de la charge de charbon a été remplacée par un volume un peu plus considérable de bois desséché, et la charge de minerai a été un peu diminuée, de sorte que le volume total de la charge n'a été que très-légèrement augmenté.

3° La descente des charges a été beaucoup plus lente, et la production beaucoup moindre que dans le travail au charbon seul; ces effets sont principalement dus à un ralentissement de la soufflerie, causé lui-même par le manque d'eau; toutefois il est possible qu'une partie de la diminution de production soit due à l'emploi du bois.

4° L'allure du fourneau n'a pas été dérangée et n'a présenté aucun accident, à l'exception de quelques chutes de minerai.

5° Le rendement du minerai est moindre qu'il n'était en charbon seul, mais il est probable qu'une grande partie de cette diminution est due à une diminution de la richesse des minerais, quoique l'emploi du bois ait pu concourir à cet effet, soit par les chutes du minerai, soit par le refroidissement du fourneau.

6° La nature de la fonte n'a pas été changée, elle est restée grise, mais le grain est devenu un peu plus fin, du reste sa qualité n'a pas été altérée.

7° Il y a économie de combustible, en effet :

Au charbon seul la consommation
    de combustible évaluée en bois,
    était de. . . . . $21^{st.},379$ par 1.000 k. de fonte.
Au mélange de bois desséché et de
    charbon elle est de. . . . . 18 ,289

                Économie. . . $3^{st.},090$

ou 14,4 p. o/o de la consommation primitive.

Autrement,

Au charbon seul la consommation en charbon était de $6^{m.c.},203$
Au mélange de bois et de charbon on ne consomme de
    charbon que. 4 ,308

                Différence. . . $1^{m.c.},895$

Ainsi on a supprimé $1^{m.c.},895$ de charbon, ou environ $\frac{1}{3}$ de la consommation primitive, et on les a remplacés par $2^{m.c.},747$ de bois desséché, provenant de $3^{st.},434$ de bois vert cordé, de sorte que 1 m. c. de bois desséché a remplacé $0^{m.c.},69$

de charbon, et que le bois desséché provenant de
1 stère de bois vert cordé, a remplacé $0^{m.c.},55$ de
charbon.

Haut-fourneau de Breurey.

Le haut-fourneau de Breurey est situé dans la
commune de Sorans, département de la Haute-
Saône, à 5 kilom. sud de Rioz, sur la droite de
la route de Vesoul à Besançon.

On emploie deux espèces de minerais, le mi- Minerais.
nerai en grain et le minerai en roche dont j'ai
déjà parlé.

Les mesures de consommation sont le cuveau,
de 1/4 mètre cube, et le conge de 1/12 de cuveau
ou de 21 litres.

On emploie de la castine, mais elle ne figure Castine.
pas au roulements, de sorte que je n'en indique
pas la quantité.

Le bois de charbonnage est du taillis de 20 ans, Bois.
composé de 3/4 d'essences dures.

Les mesures de consommation pour le charbon
sont le cuveau de 1/2 mètre cube, et la rasse de
1/6°. de cuveau ou de 83 litres.

Le cuveau pèse 115 kilog. au moment de l'emploi, soit 230^k. pour le mètre cube.

Le bois employé en nature est de même espèce
que le bois de charbonnage.

Les mesures de consommation sont les mêmes
que pour le charbon, seulement les rasses sont un
peu plus remplies, de sorte que le cuveau de bois
desséché contient $0^{m.c.},55$.

L'emploi du bois desséché a été commencé au Soufflerie.
vent froid, maintenant le vent est chaud.

Fourneau.

Il n'a été fait au fourneau aucune modification pour l'emploi du bois.

Voici ses principales dimensions, telles qu'elles sont maintenant :

```
Diamètre du gueulard. . . . . . . . . . om.,67
Diamètre du ventre. . . . . . . . . . . 2,  11
Côté du creuset et de l'ouvrage. . . . . . . . . o,  61 en carré.
Du fond du creuset à la tuyère. . . . . . . . . o,  51
Du fond du creuset à la naissance des étalages. o,  95
Hauteur des étalages.  . . . . . . . . . . . 2,  16
Hauteur totale. . . . . . . . . . . . . . 9,  11
Inclinaison des étalages. . . . . . . . . . . 72  degrés.
```

Nature du produit.

La fonte produite est en partie en gueuse, en partie en moulages, elle est grise et sa qualité varie avec celle des minerais employés.

Depuis qu'on emploie le bois, les minerais ne sont plus les mêmes que ceux qu'on employait autrefois au charbon seul, le minerai en grain est plus refractaire, et on emploie une beaucoup plus forte proportion de minerai en roche, qui est pauvre ; ainsi le mélange est devenu plus pauvre et plus réfractaire : de plus, la fonte qui autrefois était coulée presque entièrement en gueuse, est maintenant pour moitié environ employée à des moulages, de sorte qu'il est impossible de rien conclure de la comparaison des résultats du travail au charbon seul avec ceux du travail au mélange de bois et de charbon. Pour ces raisons je ne citerai pas les roulements au charbon seul.

L'emploi du bois a été commencé en novembre 1836; il y a d'abord eu un fondage au vent froid, en voici les résultats :

Du 10 novembre 1836 au 9 juin 1837 (7 mois).

Nombre de charges. 5.459 pour 212 jours, soit par jour 26.
Charbon. . . . . . 4.704 cuveaux. . . . . $= 2.352^{m.c.}00$.
Bois desséché. . . . 811 1/2 cuveaux. . . $= 446^{m.c.}33$.
Minerai. { en grain. 2.837 cuveaux. . . . $= 709^{m.c.}25$.
{ en roche. 1.069 cuveaux . . . $= 267^{m.c.}25$.
Fonte. . . . . 439.060^k. soit par mois. . 62.723^k., dont moitié en gueuse, et le reste en sablerie et en moulages à découvert.

Dans le volume total du combustible employé, le bois desséché est entré pour 16 p. o/o.

Travail au mélange de charbon et de bois desséché, et au vent froid.

Composition habituelle de la charge.

Charbon. . . . . . 5 rasses. . . . . $= 0^{m.c.}415$
Bois desséché. . . . 1 rasse. . . . . . $= 0,\ 091$
Minerai. . . . . . 8 conges $\frac{1}{2}$ . . . . $= 0,\ 179$
$$\overline{0,\ \ 685}$$

Consommation aux 1.000 kilog. de fonte.

Charbon. . . . . $5^{m.c.}355$, qui à 29 p. o/o proviennent de 18$^{st.}$465 de bois cordé.
Bois desséché. . . . $1^{m.c.}016$, qui à 80 p. o/o proviennent de 1$^{st.}$270 de bois cordé, qui à 29 p. o/o eût donné $0^{m.}368$ de charbon de forêt.

Consommation totale. { Evaluée en bois. . . . . 19$^{st.}$735
{ Evaluée en charbon. . . 5$^{m.c.}$723

Minerai. | en grain . . . . 1$^{m.c.}$615 à 1.620^k. . . . . $= 2.616^k$.
| en roche. . . . 0, 608 à 1.450 . . . . . $= 882$
$$\overline{3.498}$$

D'où rendement du minerai 28..6 p. o/o.

Le vent chaud a commencé avec le fondage en juillet 1837. — Voici le mois d'août 1837.

Travail au mélange de charbon et de bois desséché, et au vent chaud.

Pendant 6 mois le bois desséché a été mélangé d'environ $\frac{1}{10}$ de bois vert ; ce bois vert était du menu des coupes en morceaux de 2 à 3 centimètres de diamètre.

Nombre de charges. 623 pour 31 jours, soit par jour 20.
Charbon . . 340 cuveaux . . . . . . $= 170^{m.c.}$,

Bois. { desséché . . . 257 cuveaux . . $=$ 141   35 } 155$^{m.c.}$,10
{ vert . . . . . 25 cuveaux 13   75 }

Minerai. 420 cuveaux. . . . . = 105m.c.
Fonte. 49,085k.

Dans le volume total du combustible employé, le bois est entré pour 48 p. o/o.

Composition moyenne de la charge.

Charbon	3 rasses $\frac{1}{4}$	. . . . .	om.c.,270		
Bois	2	$\frac{1}{4}$	. . . . .	o	250
Minerai	8	$\frac{1}{10}$	. . . . .	o	168, dont 1 conge

en roche et le reste en grain.

o   688

Consommation aux 1.000k. de fonte.

Charbon. 3m.c.463, qui, à 29 p. o/o, proviennent de 11st.,907 de bois

Bois. {
    desséché. 2m.c.,879, qui, à 80 p. o/o, proviennent de 3.599 de bois vert cordé

    vert . . . . om.c.,280 de bois découpé, qui proviennent de . . . . o,280 de bois vert cordé.

Total. 3st,879

qui à 29 p. o/o eussent donné 1m.c.,125 de charbon de forêt.

Consommation totale de combust. {
   évaluée en bois . 15st.,786
   évaluée en charb. 4m.c.,588

Minerai . . . 2m.c.,139, qui, à 1.600k. l'un, font 3.422k.
Soit un rendement de 29,2p. o/o.

Avec ce mélange de charbon et de bois, dans lequel le bois entrait pour un peu moins de moitié du volume total, l'allure a été régulière et sans accidents. La production mensuelle a été très-faible, et le bois peut avoir un peu concouru à cet effet; mais il est dû principalement à diverses causes étrangères, et principalement à la diminution de richesse des minerais, à l'exhaussement de l'ouvrage, déterminé par leur nature réfractaire, à l'emploi d'une partie de la fonte en moulages en puisant dans l'avant-creuset, enfin surtout au désir que pour divers motifs on avait de ne pas activer la production.

L'économie de combustible réalisée par l'emploi du bois est certaine, mais ne peut être précisée à défaut d'un roulement au charbon seul, opéré dans les mêmes circonstances et avec les mêmes minerais.

Si on veut l'apprécier approximativement, on peut admettre qu'avec ces minerais pauvres et réfractaires, et le vent chaud, le travail au charbon seul, eût exigé $5^{m.c.},5o$ de charbon ou $19^{st.}$ de bois par $1.ooo^{k.}$ de fonte.

Alors on aurait :

Consommation de combustible dans le travail au
    charbon seul, ... 19st.,ooo
Consommation de combustible au mélange de
    bois sec et de charbon 15st.,786
                        Économie   3st.,214.

Ou 17 p. o/o de la consommation primitive.
                Autrement :
Consommation de charbon au charbon seul 5m.c.,5oo
Au mélange de bois et de charbon on ne consomme que 3,   463

                    Différence 2   037

On aurait supprimé 2m.c.,037 de charbon, soit 37 p. o/o de la consommation primitive, et on l'aurait remplacé par le bois sec provenant de 3st.,879 de bois vert; ainsi 1 st. de bois vert aurait remplacé om.c.,525 de charbon de forêt.

Haut-fourneau de Vellexon.

Ce haut-fourneau est situé dans la commune de ce nom, département de la Haute-Saône, dans la direction de Vesoul à Gray, et à peu près à égale distance de ces deux villes.

Il ne traite que des minerais en grain de très-bonne qualité, et ne fait que de la fonte grise pour forge; cette fonte est de première qualité de Comté.

Au charbon seul et au vent chaud il produisait, terme moyen, 90 mille kilogrammes par mois, et consommait par 1.000^k de 5$^{m.c.}$,5 à 6$^{m.c.}$ de charbon, contenant $\frac{2}{3}$ environ de charbon dur : les minerais rendaient de 32 à 33 p. o/o.

L'emploi du bois sec a commencé avec un fondage vers le commencement de 1837, il entrait pour moitié dans le volume total du combustible.

Pendant les trois premiers mois le fourneau a assez bien marché avec ce mélange : le rendement du minerai était un peu diminué, et la production mensuelle était tombée à 70 tonnes par mois; mais l'allure était assez régulière, et on obtenait une économie de combustible. Après ce laps de temps, l'allure du fourneau s'est dérangée et est devenue mauvaise, ce qu'il faut sans doute attribuer, non à l'emploi du bois desséché, mais aux dégradations de l'ouvrage, et alors, en octobre 1837, on a suspendu l'emploi du bois desséché pour essayer le bois vert.

Haut-fourneau d'Etravau.

Ce haut-fourneau a déjà été cité ci-dessus à l'article du bois vert.

Jusqu'au mois de mai 1837 il a travaillé au charbon seul ; à cette époque on a commencé à employer un mélange de charbon et de bois desséché, et on a continué jusqu'en août 1837, où un accident survenu aux séchoirs a forcé d'interrompre l'emploi du bois sec ; c'est alors qu'on a commencé l'essai du bois vert.

L'emploi du bois sec n'a donc duré dans cette usine que trois mois environ : comme je l'ai dit plus haut, je n'ai pas eu communication des roulements et je crois inutile de rapporter ici les consommations approximatives qu'on peut déduire de la composition des charges et du rendement des minerais. Je me bornerai à dire qu'on était arrivé à employer un mélange de charbon et de bois, dans lequel le bois desséché entrait pour 60 p.o/o du volume total; qu'avec ce mélange l'allure du fourneau était régulière, et ne présentait d'autres accidents que quelques chutes de minerai; la fonte était restée grise, mais son grain était devenu plus fin, sans que sa qualité fût altérée; le rendement du minerai était un peu diminué, la production mensuelle était notablement diminuée, et l'économie de combustible était de 15 à 20 p. o/o, et le bois desséché, provenant de 1 stère de bois vert, remplaçait environ 0$^{m. c.}$,50 de charbon de forêt.

Hauts-fourneaux de Montagney, Le Magny et Baigne.

Le premier de ces fourneaux est situé dans le département du Doubs, près de Montbozon; les deux autres appartiennent à la Haute-Saône, et sont situés près de Lure et de Vesoul.

Je les ai vus, mais je n'ai presque rien à en dire; celui de Montagney travaille en fonte de forge; celui du Magny ne fait que de la sablerie, et le bois desséché y entre pour 40 p. o/o dans le volume total du combustible; celui de Baigne fait principalement de la gueuse, et n'a commencé l'emploi du bois desséché qu'en octobre 1837; ils sont tous trois au vent chaud.

D'après les renseignements qui m'ont été donnés par M. Gauthier, relativement à ces fourneaux comme aux précédents, l'économie de combustible, résultant de l'emploi du bois desséché à la proportion de moitié du volume total du combustible, serait le $\frac{1}{6}$ de la consommation

8

primitive; avec cette proportion l'allure serait régulière, mais il y aurait des chutes de minerai, le minerai rendrait un peu moins, et la production mensuelle serait diminuée d'une quantité assez considérable.

Economie de combustible qui peut résulter de l'emploi de bois desséché dans les hauts-fourneaux.

D'après l'ensemble des résultats obtenus, on peut admettre que l'emploi du bois desséché dans les hauts-fourneaux, à la proportion de moitié du volume total du combustible, produit une économie de combustible de $\frac{1}{6}$ de la consommation primitive, de sorte que le bois desséché, provenant de 1 stère de bois vert cordé, remplace $0^{m.c.},50$ du charbon qui, par la carbonisation en forêt, proviendrait de cette espèce de bois.

Si le bois desséché brûlait dans les hauts-fourneaux aussi utilement qu'y brûle le charbon, le bois desséché, provenant de 1 stère de bois vert, remplacerait $0^{m.c.},64$ de charbon, il n'en remplace que $0^{m.c.},50$, et la différence vient en partie de la légère perte de combustible que fait éprouver au bois le commencement de distillation qui suit la dessiccation, et surtout de la plus grande proportion de gaz combustibles qui s'échappent du fourneau, comme l'indique l'augmentation de la flamme du gueulard.

Nous avons vu déjà que, pour le bois employé vert, la proportion de charbon remplacée est précisément aussi de $0^{m.c.},50$. D'après cela, le bois desséché ne brûlerait pas plus utilement dans les hauts-fourneaux que n'y fait le bois vert ; c'est-à-dire que dans l'emploi du bois vert la portion de chaleur nécessaire pour vaporiser l'eau hygrométrique serait prise en partie aux chaleurs perdues de la partie supérieure de la cuve, et compensée en partie par la légère perte de combustible que la dessiccation fait éprouver au bois.

Économie d'argent qui peut résulter de l'emploi du bois desséché dans les hauts-fourneaux.

Le bois desséché, qui provient d'un stère de bois vert cordé, remplaçant $\frac{1}{2}$ mètre cube de charbon mesuré à la sortie de la halle qui provient lui-même de 1 stère $\frac{7}{10}$ de bois cordé, il pourra y avoir économie pécuniaire dans l'emploi du bois desséché, quand il coûtera moins pour acheter, amener à l'usine, dessécher et découper 1 stère de bois, que pour acheter et carboniser 1 stère $\frac{7}{10}$, et amener à l'usine le charbon qui en proviendrait.

En continuant, comme je l'ai fait pour le bois vert, à considérer une usine située dans des conditions moyennes, relativement aux distances des coupes de bois qui l'alimentent, on a :

Prix du bois rendu à l'usine, desséché et découpé.	Par stère de bois vert cordé.
Prix d'achat sur pied.	*a*
Abattage, façon, cordage, déduction faite du prix de	fr.
vente des branchages, comme ci-dessus.	0,30
Transport à l'usine, comme ci-dessus	0,90
Empilage, comme ci-dessus.	0,10
Dessiccation, sciage et fente	1,20
Total.	$a + 2,50$

C'est-à-dire que pour amener à l'usine un stère de

bois, le dessécher et le découper il faudra dépenser, terme moyen, 2 fr. 50 c.

Le prix du charbon rendu à l'usine est, comme il a été dit ci-dessus, $a + 1$ fr., par stère de bois.

Ainsi l'économie d'argent résultant de l'emploi du bois desséché est de

$$1,7\,(a + 1) - (a + 2^f,50), \text{ ou } 0,7\,a - 0^f,80,$$

par stère de bois employé en nature.

Cette économie sera positive toutes les fois que le prix du stère de bois sur pied dépassera 1 fr. 15 cent.

Comme ce prix est inférieur au prix du bois dans presque toute la France, les hauts-fourneaux placés, relativement à la distance des coupes, dans les conditions moyennes que j'ai supposées ci-dessus, trouveraient une économie pécuniaire dans l'emploi du bois desséché, pourvu toutefois que cette économie ne fût pas détruite par la diminution de rendement du minerai, et par l'augmentation de l'influence des faits généraux résultant de la diminution de la production. En admettant qu'on parvienne à conserver aux fourneaux leur activité et aux minerais leur rendement habituel, voici l'évaluation moyenne de cette économie d'argent.

Soit un haut-fourneau qui, au charbon seul, consommait par 1.000 k. de fonte 19 stères de bois ($5^{m.\,c.},50$ de charbon); par l'emploi du bois desséché à la proportion de moitié du volume total, il économisera $\frac{1}{6}$ de la consommation primitive, et ne consommera plus que $15\,\frac{5}{6}$ stères de bois, dont $4\,\frac{1}{6}$ stères seront employés après dessiccation et $11\,\frac{4}{6}$ stères après carbonisation.

D'après cela

	fr.							
Le prix du stère de bois sur pied étant de $a =$	1,50	2,00	2,50	3,00	3,50	4,00	4,50	5,00
Au charbon seul il consommait 19 stères à $(a + 1$ fr.$)$ soit en fr. . . .	47,50	57,00	66,50	76,00	85,50	95,00	104,50	114,00
Au mélange de charbon et de bois desséché il consommera. . . . . . . 11 $\frac{4}{6}$ stères carbonisés à $(a + 1)$. . . . . . . 4 $\frac{1}{6}$ stères desséchés à $(a + 2,50)$.	45,86	53,78	61,70	69,62	77,54	85,46	93,38	101,30
Économie en francs. . .	1,64	3,22	4,80	6,38	7,96	9,54	11,12	12,70
Économie en centièmes de la dépense primitive p. o/o.	3,4	5,6	7,2	8,3	9,3	10	10,6	11,1

Ainsi l'économie pécuniaire serait de 2 à 12 fr. par 1.000 k. de fonte, soit de 2.000 à 12.000 fr. par an et par fourneau.

Résumé de l'emploi du bois desséché dans les hauts-fourneaux.

Ce procédé n'est pas encore arrivé à l'état de pratique régulière ; dans l'état actuel des choses on peut admettre ce qui suit :

1° Aucune modification n'a été faite aux fourneaux pour les approprier à l'emploi du bois desséché, ils ont été employés tels qu'ils étaient.

Dans tous ces fourneaux le vent est chaud à cause de l'économie de combustible qui en résulte, mais il ne paraît pas que cette condition soit nécessaire à l'emploi du bois ni même qu'elle soit plus favorable à ce combustible qu'au charbon.

2° La plus grande proportion de bois desséché qui ait été employée est de 60 p. o/o du volume total du combustible, la proportion habituelle a été de 5o p. o/o, et c'est à cette dernière que se rapporte ce qui suit :

3° L'allure des fourneaux est régulière, et il n'y a d'autres accidents que les chutes de minerai qui sont assez fréquentes.

4° La qualité de la fonte n'est pas altérée ; elle reste grise comme elle était au charbon seul, mais son grain devient un peu plus fin ; et cet effet est dû sans doute en partie au refroidissement des fourneaux, en partie à l'action des chutes de minerai sur la fonte rassemblée dans le creuset.

5° Le rendement du minerai paraît un peu diminué par l'effet de l'enrichissement des laitiers dû principalement aux chutes.

6° La production est fortement diminuée.

7° il y a une économie de combustible d'environ $\frac{1}{6}$ de la consommation primitive, ce qui revient à ce que le bois desséché, provenant de 1 stère de bois vert cordé, remplace $\frac{1}{2}$ mètre cube de charbon de forêt.

8° Si on fait abstraction de la diminution de rendement du minerai et de l'augmentation d'influence des frais généraux résultant de la diminution de la production, c'est-à-dire si l'on suppose que par des modifications convenables on parvienne à faire disparaître ces deux inconvénients, l'emploi du bois desséché dans les hauts-fourneaux, qui sont placés dans les conditions moyennes, relativement à la distance des coupes de bois, présenterait une économie de 2 fr. à 12 fr. par 1000 kil. de fonte, suivant que le prix du stère de bois sur pied serait de 1 fr. 5o c. à 5 fr.

Il est probable que, par un exhaussement convenable de la cuve et par l'élargissement du gueulard, on conserverait la production telle qu'elle était au charbon seul; et sans doute M. Gauthier obtiendra ce résultat des modifications qu'il vient de faire dans ce but au haut-fourneau de la Romaine.

Il est probable aussi qu'on parviendra à rendre au minerai son rendement habituel, soit en empêchant les chutes, soit en augmentant la proportion du combustible (1).

Mais si, comme on peut le présumer d'après la comparaison des résultats jusqu'ici obtenus de l'emploi du bois vert et du bois desséché, la dessiccation préalable ne donne au bois ni la propriété de brûler dans les hauts-fourneaux plus utilement que le bois vert, c'est-à-dire d'y équivaloir à une plus grande quantité de charbon, ni la propriété d'y être employé à beaucoup plus grande dose, l'emploi du bois vert doit être préféré, pour éviter les frais de dessiccation; et c'est pour cela que l'automne dernier, à l'époque où j'ai visité ces hauts-fourneaux, M. Gauthier venait de suspendre dans la plupart d'entre eux l'emploi du bois desséché, pour y essayer le bois vert.

---

(1) Les chutes de minerai n'ont pas été remarquées dans les hauts-fourneaux qui marchent au bois vert, et que j'ai cités ci-dessus. Il est possible que ce résultat, s'il est exact, soit dû à ce que ces fourneaux emploient des minerais qui sont pour moitié au moins en morceaux; tandis que les fourneaux qui marchent au bois desséché, emploient presque uniquement du minerai en grain qui doit traverser plus aisément la couche de combustible. S'il en était ainsi, on ferait bien d'agglomérer les minerais en les mêlant par voie humide avec de la castine et du fraisil, comme l'a proposé depuis longtemps M. Berthier.

CHAPITRE III.

EMPLOI DU BOIS DESSÉCHÉ DANS LES FEUX D'AFFINERIE.

Les forges dans lesquelles le bois desséché est employé en remplacement du charbon de bois sont celles de Baumotte, Bonal, Villersexel, Saint-Georges, Le Magny et Montagney. Elles sont toutes exploitées par M. Gauthier.

Forge de Villersexel.

Cette forge est située aux portes de la petite ville de ce nom, dans le département de la Haute-Saône.

Fonte. La fonte vient des hauts-fourneaux du voisinage; c'est toujours de la fonte grise en gueuse.

Bois et charbon. Le bois de charbonnage est du taillis de 18 à 20 ans, composé de moitié essences dures, moitié essences tendres.

La mesure locale est la corde de 100 pieds cubes métriques $= 3^{\text{m.c.}},703$.

La mesure de consommation pour le charbon est le cuveau de $\frac{1}{2}$ mètre.

La corde rend à la carbonisation de 2 à $2\frac{1}{4}$ cuveaux, qui à la consommation, c'est-à-dire à la sortie de la halle, ont $\frac{1}{2}$ mètre; ainsi c'est 28,7 p. 0/0. Ce charbon ne pèse que 200 k. le m.cub.

Le bois livré à la dessiccation est de même nature que le bois de charbonnage.

Soufflerie. Le vent est chaud; il y a 2 tuyères accolées recevant le vent de deux buses accolées l'une à l'autre; le diamètre de chaque tuyère est de trois centimètres; celui de chaque buse de 28 millim.

Feu. Les feux n'ont reçu aucune modification pour les approprier à l'emploi du bois; ils sont couverts d'une voûte qui réunit les flammes pour les conduire aux emplois de chaleur perdue, c'est-à-dire d'abord au chauffage du fer de tirerie ou au recuit du fil de fer, puis au chauffage du vent, enfin à la dessiccation du bois. Ils ne présentent d'autres ouvertures que celle de la rustine par où on entre la gueuse, et celle de la face antérieure qui sert à l'introduction du combustible, au travail de l'ouvrier et à la sortie des loupes et lopins : cette ouverture antérieure a environ $0^m,45$ de hauteur sur 0,80 de largeur. Rien du reste dans ces dispositions n'est spécial à l'emploi du bois, et elles sont communes à la plupart des feux d'affinerie de la Franche-Comté, et ne diffèrent d'une usine à l'autre que par la diversité des usages de la chaleur perdue.

Le fer produit est uniquement du fer en barres, de 35 à 40 millimètres de côté en carré, destiné à la tirerie, c'est-à-dire à être transformé, par l'étirage entre des cylindres, en verge de 7 à 8 millimètres de diamètre, qui ensuite sera tréfilée. Ce fer est entièrement forgé au marteau. *Nature du produit.*

Je n'ai pas eu communication des livres de roulement, mais j'ai tout lieu de croire à l'exactitude des indications qui m'ont été données.

Dans le travail au charbon seul, la loupe pesait de 90 à 100 kilogrammes. La production était de 18 à 20 mille kilog. de fer par mois, en appelant mois l'ensemble de quatre semaines, comme cela a toujours lieu pour les comptes relatifs aux feux d'affinerie à cause du repos du dimanche. *Travail au charbon seul.*

La consommation de fonte était de 1.300 à 1.350 pour 1000 de fer de tirerie.

La consommation de charbon était de 12 à 13 cuveaux, soit, terme moyen, de $12\frac{1}{2}$ ou $6^{m.c.}25$, qui, à 200 kil., pèsent 1.250 k.; et qui, à 29 p. 0/0, proviennent de 21$^{st.}$482 de bois.

Cette allure était fort économique. Le vent chaud n'étant encore introduit que dans un très-petit nombre de feux d'affinerie en France, les termes de comparaison manquent pour l'apprécier, mais on peut la comparer aux consommations habituelles des feux qui marchent au vent froid. Avant l'introduction du vent chaud dans l'usine de Villersexel, la consommation était de 15 cuveaux, soit de 7$^{m.c.}$50; et c'est là la moyenne des consommations habituelles des forges de Franche-Comté, qui traitent au vent froid les mêmes fontes pour en faire de même du fer de tirerie (1).

Travail au mélange de charbon et de bois desséché. L'emploi du bois desséché a commencé en mai 1837, et a continué depuis sans interruption.

On a d'abord mis en bois desséché un tiers du volume total du combustible; maintenant on met moitié, et on s'est arrêté à cette proportion.

Voici comment on l'emploie :

Après la sortie de la loupe on met dans le feu une rasse de charbon ($\frac{1}{10}$ de mètre cube), et on recouvre ce charbon par un peu de bois desséché ; pendant le forgeage de la pièce, et pendant la fusion de la gueuse qui a lieu en même temps, on emploie $\frac{3}{4}$ de charbon et $\frac{1}{4}$ de bois ; pendant le reste du temps, c'est-à-dire pendant l'affinage, on ne met que du bois; et comme le forgeage dure plus longtemps que l'affinage, il en résulte que, pour l'ensemble des diverses parties d'une opération, le bois et le charbon sont employés par volumes égaux.

---

(1) Celle de L'Ile sur le Doubs, par exemple, consomme 200 pieds cubes métriques, soit 7$^{m.c.}$ 40.

On n'emploie pas une plus forte portion de bois pendant le forgeage, parce qu'il ne donnerait pas une chaleur suffisante pour amener le fer au blanc sondant ; mais pendant l'affinage, c'est-à-dire pendant la réduction, la chaleur qu'il développe est suffisante (1).

Avec cette proportion de bois et cette manière de conduire l'opération on obtient les résultats suivants :

Comparaison.

1° L'allure du feu est restée la même ;

2° Le déchet n'a pas changé, on consomme de même de 1.300 à 1.350 de fonte par 1.000 de fer de tirerie ;

3° La production est restée la même, de 18 à 20 mille kilogrammes de fer par mois de quatre semaines ;

4° La qualité des fers n'a pas été altérée ; on admet même qu'elle aurait été plutôt améliorée, le fer ne courant plus le risque d'être brûlé à la fin de la période d'affinage proprement dit ;

5° La quantité de flamme qui sort du feu a été considérablement augmentée ; cette augmen-

---

(1) Cette conduite de l'opération a beaucoup d'analogie avec ce qui se passe dans le pudlage, où on diminue souvent la chaleur pendant le temps de la réduction.

Pour augmenter la proportion de bois employé, il faudrait, d'après cela, diminuer le temps du forgeage et de la fusion de la gueuse. Diminuer le temps de la fusion est très-facile, et pour cela il suffit d'avoir pour la fonte un four d'échauffement chauffé par la chaleur perdue : mais cette amélioration produirait peu d'effet, si on ne diminuait en même temps la durée du forgeage, qui, avec les marteaux ordinaires, est plus longue que celle de la fusion. Cette diminution de la durée du forgeage pourrait assez aisément s'obtenir de l'emploi de très-gros marteaux, pesant 2 à 3 mille kilogrammes, et analogues à celui qui est déjà employé à cet usage dans la forge d'Hayange.

tation de ce qu'on peut nommer la chaleur perdue a un grand prix pour les forges de la nature de celle-ci, qui l'emploient au chauffage du vent, au chauffage du fer de tirerie, ou au recuit du fil de fer et à divers autres usages, comme cuisson de la chaux, des briques et du pain : elle a permis d'ajouter à tous ces emplois la dessiccation du bois destiné au feu, et elle a en outre facilité ou accéléré tous les chauffages précédents.

Cette augmentation de la flamme avait d'abord gêné et rebuté les ouvriers, mais ils savent maintenant en éviter les inconvénients, au moyen de fréquentes aspersions d'eau sur la plaque de fonte qui est au-dessus de l'ouverture du feu, et qui laisse tomber cette eau sur le devant du tablier.

6° Les prix de main-d'œuvre n'ont pas été augmentés et sont restés ce qu'ils étaient, c'est-à-dire :

Aux 4 forgerons et au tirepale, ensemble. . 16f.50 ⎫ par 1.000 k.
A celui des 4 forgerons qui est chargé du   ⎬ de fonte.
   montage du feu et du marteau. . . . . . 2 ,00 ⎭

Total. . . 18 ,50

Prix auquel il faut ajouter le salaire du rouleur de charbon, qui travaille à la journée. Ces prix sont peu élevés; ils sont à peu près les mêmes et souvent un peu plus considérables dans toutes les forges de la Franche-Comté.

7° La consommation de combustible par 1.000 kil. de fer de tirerie est de 15 à 16, soit, terme moyen, $15\frac{1}{2}$ cuveaux, dont moitié bois desséché, moitié charbon ; ainsi c'est :

Charbon . . . 3m.c.,875, qui, à 29 p. o/o, proviennent de 13st.,362 de bois.

Bois desséché. 3m.c.,875, qui, à 70 p. o/o, proviennent de 5st.,536 de bois cordé qui, à 29 p. o/o, eût donné à la carbonisation 1m.c.,909 de charbon.

Consommation totale { évaluée en bois. . . 18st.,8g8
{ évaluée en charbon. 5m.c.,784

On a obtenu une économie de combustible, en effet :

Dans le travail au charbon seul la consom- mation était de. . . . . 21st.,482 par 1000k. de fer.
Au mélange de charbon et de bois elle est de. . . . . 18 ,898

Économie de combustible. . . 2st.,584

ou 11.6 p. o/o de la dépense primitive.

Autrement.

Dans le travail au charbon seul la consommation était de. 6m.c.,250
Au mélange de bois et de charbon on ne met en charbon que. 3 ,875

Différence. . 2m.c.,375

Ainsi on a supprimé 2m.c.,375, ou 38 p. o/o de la consommation primitive de charbon, et on les a remplacés par le bois desséché provenant de 5st.,536 de bois vert cordé, de sorte que le bois desséché, provenant de 1 stère de bois vert, a remplacé 0m.c.,43 de charbon de forêt, tandis qu'à la carbonisation il n'en eût donné après le déchet de halle que 0m.c.,29.

Forge de Saint-Georges.

La forge de Saint-Georges est située dans la commune d'Athesans, département de la Haute-Saône, à 12 kilomètres de Lure.

La fonte est grise et en gueuse; quelquefois aussi on traite un peu de bocage du haut-fourneau du Magny qui travaille en sablerie.

Fonte.

Le bois de charbonnage est du taillis de 20 ans. Il contient $\frac{3}{5}$ d'essences tendres. Le hêtre, qui est

Bois et charbon.

un des meilleurs bois de charbonnage, y manque complétement.

La mesure de consommation pour le charbon est le cuveau de $\frac{1}{2}$ mètre cube.

La corde, mesure locale de 90 pieds cubes métriques, ou $3\frac{1}{3}$ m. c., donne à la carbonisation 1 cuveau $\frac{9}{10}$, et le cuveau contenant à la sortie de la halle $\frac{1}{2}$ mètre cube, cela fait un rendement de $28\frac{1}{2}$ p. o/o à la sortie de la halle, mais comme il y a un léger boni de halle, j'admettrai 29. Ce charbon est très-léger, et ne pèse qu'environ 190 kil. le mètre cube.

Le bois soumis à la dessiccation est de même espèce que le bois de charbonnage.

Soufflerie.

Le vent est chaud, les tuyères et les buses sont comme à Villersexel.

Feu.

Il n'a été fait aux feux aucune modification pour les disposer à l'emploi du bois; ils sont disposés comme à Villersexel, avec divers emplois de chaleur perdue, mais ils ne chauffent pas le fer de tirerie et ne recuisent pas le fil de fer, attendu qu'à cette forge il n'est annexé ni tirerie ni tréfilerie.

Nature du produit.

On ne fait que du fer de tirerie de 35 à 40 millimètres de côté, en carré; ce fer est forgé au marteau.

Je n'ai pas eu communication des livres de roulement, mais je crois exactes les indications qui m'ont été fournies.

Travail au charbon seul.

Au charbon seul on consommait 1.350 à 1.400 de fonte pour 1.000 de fer de tirerie; on faisait 18 mille kilogrammes de ce fer par mois de 4 semaines; la consommation de charbon par 1.000 kil. de fer était de 13 à 14, soit $13\frac{1}{2}$ cuveaux, ou $6^{m.c.},75$ pesant, à 190 kil. l'un, 1.282 kil., et provenant, à 29 p. o/o, de $23^{st.},275$ de bois.

Cette allure paraît un peu moins économique que celle indiquée pour Villersexel, mais la différence est très-faible quand on tient compte de la différence de nature des bois.

L'emploi du bois desséché a commencé avec le mois de juin 1837, il a lieu de la même manière et dans les mêmes proportions qu'à Villersexel. Voici les résultats obtenus :

1° L'allure du feu, le déchet, la production mensuelle, le salaire des ouvriers, n'ont été en rien modifiés.

2° La qualité du fer n'a pas été altérée, on admet qu'elle aurait plutôt éprouvé une amélioration.

3° On consomme, aux 1.000^k de fer, 18 cuveaux, soit 9 mètres cubes de combustible, moitié bois, moitié charbon ; ainsi c'est :

Charbon. 4$^{m. c.}$,50, qui, à 29 p. o/o, proviennent de 15$^{st.}$,517 de bois.

Bois desséché. 4$^{m. c.}$,50, qui, à 70 p. o/o, proviennent de 6$^{st.}$,428 de bois, qui à 29 p. o/o, eussent donné 1$^{m.c.}$,864 de charbon de forêt.

Consommation totale de combustible { évaluée en bois . 21$^{st.}$,945 / évaluée en charb. 6$^{m. c.}$,364

Ainsi on a obtenu une économie de combustible, en effet :

Dans le travail au charbon seul la consommation de combustible était de 23st.,275
au mélange de bois et de charbon, elle est de. 21st.,945

Economie de combustible.   1st.,330

ou 5,7 p. o/o de la consommation primitive.

Autrement,

Au charbon seul on consommait en charbon   6$^{m. c.}$,750
Au mélange de bois et de charbon on ne met en charbon que.   4   50

Différence.   2   25.

Ainsi, on a supprimé 2$^{m.c.}$,25 de charbon ou $\frac{1}{3}$ du total primitif, et on les a remplacés par le bois desséché provenant de 6st.,428 de bois vert; ainsi le bois desséché provenant de 1st. de bois vert n'a remplacé que o^{m.c.},35 de charbon de forêt; c'est très-peu.

J'ai vu l'emploi du bois desséché dans les forges de Montagney, Magny et Baumotte; il s'y fait de la même manière qu'à Villersexel et Saint-Georges, et y donne sans doute les mêmes résultats, mais je ne les connais pas assez exactement pour les rapporter ici. A Montagney et à Magny le vent est chaud, à Baumotte (Haute-Saône), 8 kilomètres sud-est de Montbozon, le bois desséché est employé au vent froid, malgré les avantages du vent chaud, parce que le feu de forge de cette usine n'est que l'accessoire de la tréfilerie, dont il recuit les produits dans un four chauffé par la flamme perdue, et que l'emploi du vent chaud amenait de trop fréquents chômages de ce recuit par suite de la rupture des tuyaux de chauffage, qui se brisaient souvent, attendu qu'ils servent en même temps de support aux chaudières de recuit.

A Magny les ouvriers n'ont pas besoin de faire des aspersions d'eau pour se garantir de la flamme, ces aspersions sont rendues inutiles par un filet d'eau qui arrive par un tuyau percé de petites ouvertures à la partie supérieure de la plaque de fonte qui est au-dessus de l'ouverture de la face antérieure, et d'où l'eau tombe continuellement sur la surface de cette plaque et sur le tablier du feu qui est au-dessous d'elle.

Le bois desséché est aussi employé dans la forge de Bonal, commune de Chassey, département de la Haute-Saône, entre Villersexel et Montbozon.

Je n'ai pas pu visiter cette usine.

Économie de combustible qui peut résulter de l'emploi du bois desséché dans les feux d'affinerie.

D'après les résultats obtenus dans ces usines, et, autant que je puis conclure des indications qui m'ont été données, et d'une pratique qui, à l'époque où je l'ai vue, ne datait encore que de 4 à 5 mois, il paraît que le bois desséché, provenant de 1$^{\text{st.}}$ de bois vert, remplacerait dans les feux d'affinerie, terme moyen, 0$^{\text{m.c.}}$,40 de charbon.

Cet effet utile du bois serait moindre que celui qu'il produit dans les hauts-fourneaux, et il est naturel qu'il en soit ainsi; attendu, d'une part, que pour la forge la dessiccation est suivie d'un commencement de distillation poussé beaucoup plus loin que pour le haut-fourneau, et qui perd par suite une plus grande quantité de combustible, et, d'autre part, parce que les parties volatiles du bois sont presque entièrement perdues dans le feu d'affinerie (du moins pour le travail de ce feu), tandis que dans le haut-fourneau elles servent en partie à l'échauffement et à la réduction du minerai.

Le bois desséché étant employé à la proportion de la moitié du volume total du combustible, et son effet étant tel, que la quantité de ce bois, qui provient d'un stère de bois vert, remplace, terme moyen, 0$^{\text{m.c.}}$,40 de charbon de forêt, il en résulte que l'économie de combustible, résultant de l'emploi du bois desséché, est d'environ 10 p. o/o de la consommation primitive.

Économie d'argent qui peut résulter de l'emploi du bois desséché dans les feux d'affinerie.

Le bois desséché, qui provient de 1 stère de bois vert cordé, remplaçant $0^{m.c.},40$ de charbon qui, à 29 p. o/o, provient lui-même de 1 stère $\frac{4}{10}$ de bois, il y aura économie d'argent à employer le bois desséché toutes les fois que, pour acheter, amener à l'usine et dessécher 1 stère de bois, il en coûtera moins que pour acheter et carboniser 1 stère $\frac{4}{10}$, et pour amener à l'usine le charbon qui en résulterait.

D'après cela, et pour des usines placées dans les circonstances que j'ai supposées ci-dessus, l'économie serait de

$$1,4\,(a+1)-(a+2,50) \text{ ou } 0,4\,a-1,10$$

par stère de bois vert employé après dessiccation.

Cette économie est positive tant que le prix du stère de bois sur pied dépasse $2^{fr.},75$.

Ainsi il y aurait en France peu de districts de forges où l'emploi du bois desséché dans les feux d'affinerie pût procurer une économie notable d'argent, quand ces feux seraient placés dans les conditions moyennes que j'ai supposées relativement à la distance des coupes.

Les forges de la Haute-Saône, dans lesquelles ce bois est employé, peuvent trouver dans cet emploi une économie assez considérable d'argent, parce qu'elles payent le bois environ 4 fr. le stère sur pied, et qu'elles sont presqu'au milieu des bois, c'est-à-dire dans des conditions beaucoup plus favorables que les conditions moyennes que j'ai supposées.

Résumé de l'emploi du bois desséché dans les feux d'affinerie.

Autant qu'on peut en juger par la pratique encore assez nouvelle d'un petit nombre de forges, voici ce qu'on peut admettre actuellement :

1° Aucune modification n'a été et ne paraît devoir être apportée à la disposition des feux pour l'emploi du bois desséché ; ils étaient , et sont restés recouverts d'une voûte avec emploi de chaleur perdue ; à l'exception d'un seul, ils sont au vent chaud.

2° Pendant le forgeage de la pièce et la fusion de la gueuse on emploie presque uniquement du charbon ; pendant le reste de l'opération, c'est-à-dire pendant l'affinage proprement dit , on n'emploie que du bois desséché ; l'ensemble d'une opération consomme volumes égaux de charbon et de bois desséché.

3° L'allure du feu , le déchet, la production mensuelle , le salaire des ouvriers, n'ont été en rien modifiés par l'emploi du bois.

4° La qualité du fer n'a pas été altérée, on admet même qu'elle aurait plutôt été un peu améliorée ; c'est d'ailleurs du fer de première qualité de Franche-Comté , uniquement destiné à la fabrication du fil de fer.

5° Le bois desséché ; provenant de 1 stère de bois vert, remplace $0^{m.c.},40$ de charbon de forêt, de sorte que l'économie de combustible est d'environ 10 p. o/o de la consommation primitive.

6° Pour une forge placée dans les conditions

les plus ordinaires relativement à la distance des coupes de bois qui l'alimentent, il n'y a économie d'argent que lorsque le prix du stère de bois sur pied dépasse 2^{fr},75, ce qui n'a lieu que dans un petit nombre de districts de forges. Si la forge est placée très-près des coupes, il y a économie d'argent lors même que le prix du stère de bois sur pied est beaucoup moindre.

TROISIÈME PARTIE.

DU BOIS DEMI-CARBONISÉ OU BOIS TORRÉFIÉ.

L'emploi du bois demi-carbonisé a été imaginé par MM. Houzeau-Muiron et Fauveau-Deliars, qui ont pris à ce sujet un brevet d'invention.

CHAPITRE PREMIER.

TORRÉFACTION.

Avant d'être torréfié le bois est découpé. Je ne reviendrai pas sur cette opération, dont j'ai donné les détails à l'article de l'emploi du bois vert.

Le bois découpé est mis dans des caisses en fonte, où il est chauffé extérieurement, soit par des foyers spéciaux, soit par la chaleur perdue des hauts-fourneaux ou des feux d'affinerie ; il y subit une distillation incomplète, puis il est tiré hors de ces caisses et versé dans des étouffoirs en fonte, où il se refroidit, pour être, très-peu de temps après, versé dans le haut-fourneau ou porté au feu d'affinerie. *Procédé.*

Les caisses sont prismatiques et formées de plaques de fonte qui s'emboîtent les unes dans les autres au moyen de rainures. Il convient que leur forme soit allongée plutôt que cubique, afin de multiplier les surfaces d'échauffement. Leur capacité peut varier sans inconvénient entre des *Formes et dimensions des caisses.*

limites assez étendues ; à l'usine de Senuc, par exemple, il y a des caisses de 1$^{m.c.}$ de capacité, et d'autres de 2$^{m.c.}$ qui fonctionnent également bien, et qui donnent d'aussi bons produits.

Pour le haut-fourneau, il convient de donner à chaque caisse une capacité telle, que le bois vert qui la remplit donne en bois torréfié la quantité qui constitue une charge, afin que pour effectuer cette charge il suffise de vider l'étouffoir dans le fourneau.

On conçoit, d'après cela, que les dimensions des caisses doivent varier avec les dimensions du gueulard, et avec la manière dont l'expérience ou l'habitude ont appris à conduire le fourneau à grandes ou à petites charges. Pour les fourneaux conduits à petites charges, et c'est le plus grand nombre, des caisses de 1^m de longueur sur 0^m,8 de largeur, et 1^m de hauteur suffisent pour fournir la quantité de bois torréfié, constituant une charge dans le travail au bois torréfié seul, sans mélange de charbon. Ce sont à peu près là les dimensions qui ont été adoptées à Harraucourt et à Vendresse. Pour les fourneaux conduits à grandes charges, il faudrait des caisses de plus grande capacité.

Au haut-fourneau de Brazey (Côte-d'Or), les caisses sont cylindriques ; ce sont des cylindres verticaux de 1^m,3 de diamètre intérieur, et 2^m,7 de hauteur, formés par la réunion de six anneaux superposés. Cette forme a été adoptée pour éviter les inconvénients des faces planes qu'on craignait de voir se déjeter et se désassembler ; mais elle a l'inconvénient de se prêter beaucoup moins bien à la circulation des gaz et à l'échauffement régulier du bois renfermé intérieurement ; et comme d'ailleurs les caisses prismatiques résistent très-bien à l'action du feu, cette dernière forme est préférable à la forme cylindrique.

Dans plusieurs usines, pour essayer le procédé de torréfaction, on n'a pas voulu établir d'abord les caisses au gueulard, afin d'éviter les frais de cet établissement, que rendent assez coûteux les travaux de soutènement qu'il exige. Alors on a placé les caisses dans la cour de l'usine, et on les a chauffées avec des foyers spéciaux, où l'on a brûlé du bois ; mais cette disposition n'est évidemment que temporaire, et il n'y a pas lieu de s'y arrêter. Il est clair, d'ailleurs, que sous le rapport de l'établissement des fourneaux et de l'emploi de la chaleur, elle est assujettie aux mêmes règles que les constructions faites au gueulard. Disposition
des caisses.

Les premières usines qui ont employé ce procédé c'est-à-dire celles des Bièvres, de Montblainville et de Senuc, ont placé les caisses au-dessus et autour du gueulard, et.les dispositions qu'elles ont adoptées se ressentent de l'imperfection qui accompagne toujours les premiers essais. Dans toutes ces dispositions la flamme, telle qu'elle se produit au gueulard, circule autour des caisses en passant de l'une à l'autre, de sorte que, pour les chauffer le moins inégalement possible, il faut les grouper autour du gueulard, sans que cependant on puisse éviter complétement l'inconvénient, qui consiste en ce que les plus voisines sont plus fortement échauffées, et que par conséquent il y a, entre les opérations, ou inégalité de durée, ou inégalité de carbonisation, ce qui peut nuire à la régularité du travail des ouvriers ou de l'allure du fourneau.

Une modification importante a été apportée

à ces premières dispositions par M. Baudelot, contre-maître du haut-fourneau de Harraucourt, appartenant à MM. Fort et Guillaume; elle a pour objet de régler parfaitement la chaleur, et de la porter à volonté à tel point qu'on désire, de manière à chauffer la caisse la plus éloignée du gueulard aussi fortement et aussi vite que celle qui en est la plus voisine. Elle atteint ce but avec une grande facilité, au moyen de portes qui sont ouvertes dans le conduit de flamme vis-à-vis chacune des caisses, et par lesquelles on introduit telle quantité d'air qu'on veut, de manière à y opérer la combustion des gaz qui s'échappent du gueulard, et à y élever par conséquent la chaleur à volonté. Au moyen de ces portes il est très-facile de régler la chaleur et de la maintenir la même sous toutes les caisses; au bout de quelques jours l'ouvrier sait quelles sont les ouvertures qui conviennent, et il a à peine besoin de s'en occuper. Les portes qui correspondent aux caisses les plus voisines du gueulard restent toujours fermées, parce que la chaleur du gueulard suffit; puis, pour celles qui sont un peu plus loin et pour lesquelles cette chaleur en partie épuisée est devenue insuffisante, on ouvre un peu les portes, de manière à y ajouter la chaleur résultant de la combustion des gaz; et ainsi de suite pour les caisses suivantes.

Ce perfectionnement est d'une grande importance, parce qu'il permet de donner une très-grande régularité à l'opération, et d'obtenir toujours le même degré de carbonisation dans le même temps; il permet en outre d'éloigner beaucoup les caisses du gueulard, et au lieu de les grouper autour de ce point, il permet de les développer sur une seule ligne droite, ce qui facilite les constructions et dégage le gueulard.

C'est cette disposition qui a été adoptée à Harraucourt et depuis à Vendresse. Celle d'Harraucourt a été décrite et représentée par M. Sauvage (*Annales des mines,* 3ᵉ série, tome XI, 3ᵉ livraison). Je ne reproduirai pas la description et le dessin, et j'indiquerai seulement deux modifications peu importantes, qui. depuis cette époque ont été faites à l'appareil, et qui consistent: 1° dans la suppression des colonnes qui contribuaient à soutenir les plaques de fond et dont on a reconnu l'inutilité; 2° dans le remplacement des cheminées en tôle, qui se rongeaient trop vite, par des cheminées en briques.

Dans l'usine de Clos-Mortier, près Saint-Dizier (département de la Haute-Marne), où l'on achevait en novembre 1837 la construction de fours semblables, on a adopté une disposition légèrement différente.

Le canal dans lequel circulent les gaz du gueulard, au lieu d'avoir pour partie supérieure le fond des caisses, en est séparé par une voûte, dans laquelle sont percées des ouvertures à registre qui correspondent au fond de chaque caisse. Par ce moyen le chauffage de chaque caisse est isolé et indépendant des autres, et on l'opère au moyen d'une portion de chaleur qu'on prend au réservoir commun au moyen de l'ouverture, dont la section est réglée par un registre. Il y a d'ailleurs d'autres ouvertures pour permettre l'accès de l'air atmosphérique nécessaire à la combustion des gaz. Cette disposition est bonne, mais elle ne me paraît pas meilleure que celle d'Harraucourt ; elle a l'avantage de se prêter un peu mieux aux réparations partielles, mais elle est un peu moins simple, et perd un peu plus de chaleur, ce qui, du reste, est presque sans inconvénient quand la chaleur perdue du gueulard ne doit être employée qu'à torréfier le bois et à chauffer le vent que consomme le fourneau, car elle est plus que suffisante pour cet usage.

Le bois est versé par la porte de chargement pratiquée dans la plaque de dessus de la caisse, ensuite cette porte est fermée, lutée, et chargée d'un poids pour que l'effort des gaz ne puisse la soulever.

Le bois perd d'abord son eau hygrométrique, et en même temps, et surtout ensuite, il éprouve une distillation incomplète.

A l'intensité avec laquelle se dégagent les fumées et les gaz, l'ouvrier reconnaît, eu égard au temps depuis lequel la caisse est remplie, si elle est trop ou pas assez chauffée, et il règle la chaleur au moyen des registres dont il dispose.

La distillation est poussée à peu près au même point dans la plupart des usines, et c'est d'abord à la couleur et à la nature des gaz qui s'échappent que l'ouvrier reconnaît son achèvement; puis ensuite, quand le travail marche régulièrement, c'est d'après le temps écoulé qu'il règle ses opérations. En général on arrête la distillation lorsqu'aux fumées noires et épaisses succèdent des fumées plus claires et plus fortement chargées d'acide; à ce moment le bois a perdu une partie de ses parties volatiles, et en conserve encore une partie; mais ce terme ne correspond point à un état fixe et déterminé du bois, ce n'est point une limite naturelle, comme le sont la fin de la dessiccation ou la fin de la distillation; ainsi il n'y a rien de fixe ni de précis dans le point auquel on arrête la distillation, c'est une sorte de limite empirique, à laquelle on s'est arrêté par suite d'expériences, sans savoir pourtant d'une manière certaine s'il ne faudrait pas mieux la reculer ou la rapprocher.

Ceci se rapporte principalement aux hauts-fourneaux; la distillation est poussée à un point plus avancé quand le bois est torréfié pour l'usage des feux d'affinerie.

La durée de l'opération peut varier à volonté entre des limites assez étendues. Dans les premiers temps de l'emploi du procédé, lorsqu'on n'avait qu'un petit nombre de caisses, elle ne durait ordinairement que deux heures; maintenant qu'on a pu augmenter considérablement le nombre de ces caisses, elle dure de 4 à 8 heures. Il convient qu'elle soit très-lente, parce que la distillation lente perd beaucoup moins de carbone que la distillation rapide, et aussi parce qu'elle diminue davantage le volume du bois, ce qui est un avantage pour l'allure du fourneau.

Sa durée.

Les vapeurs qui se dégagent pendant l'opération contiennent, outre la vapeur d'eau, les premiers produits de la distillation; aussi ont-elles une odeur fort désagréable, qui est incommode pour les ouvriers et pour les habitations voisines. Jusqu'ici on n'a rien fait pour empêcher les inconvénients de ces vapeurs, et on les a laissées se dégager librement dans l'atmosphère; il serait bon pourtant de prendre quelques précautions à cet effet, de les brûler, par exemple, ou au moins de les élever à une assez grande hauteur pour qu'elles se dispersent avant de retomber sur le sol.

Ses inconvénients.

Dans l'usine de Clos-Mortier on a disposé au-dessus de la ligne des fours deux canaux horizontaux, qui reçoivent, l'un les vapeurs de la distillation, l'autre les fumées qui s'exhalent pendant le déchargement, et qui les conduisent, moitié à la cheminée du gueulard, moitié à une cheminée d'appel, située à l'autre extrémité de la ligne. Au moyen de cette disposition il ne se dégagera dans l'usine que les vapeurs qui s'échappent par les joints de la porte de chargement.

État auquel le bois est amené.

Par cette opération le bois est amené à un état intermédiaire entre le bois desséché et le charbon; dans cet état, il ressemble assez aux fumerons des fauldes, c'est-à-dire aux morceaux de bois imparfaitement carbonisés : sa surface est noire, et l'intérieur est seulement d'un brun plus ou moins foncé. Du reste, tous les morceaux d'une caisse sont loin d'être dans le même état. Les petits morceaux et les bois tendres sont toujours plus carbonisés que les grosses bûchettes et les bois durs. Le plus souvent les menus sont tout à fait à l'état de charbon, ils sont fragiles et se cassent sous l'effort des doigts; les bûchettes de grosseur moyenne sont noires à l'extérieur, brun foncé à l'intérieur; les plus gros morceaux présentent à l'intérieur des parties claires qui indiquent que la distillation n'a pas pénétré jusqu'au centre. Pour ces raisons il est nécessaire que tous les bois s'éloignent peu de la grosseur moyenne, et de plus il conviendrait que les bois blancs et les menus bois fussent séparés des autres et traités à part. Ce triage exigerait un peu de main-d'œuvre, mais les frais en seraient compensés par la suppression de la perte que ces bois subissent quand ils sont mêlés avec les autres; il devrait surtout en être ainsi quand l'usine contiendrait à la fois haut-fourneau et feu d'affinerie, afin de réserver pour la forge les petits bois et les bois blancs qui y sont plus avantageusement employés qu'au haut-fourneau. C'est ainsi qu'on fait à Senuc.

La diminution de volume est généralement de 35 à 40 p. o/o entre le volume du bois vert découpé et le volume du bois torréfié. Pour l'usage du feu d'affinerie de Senuc, la distillation est poussée plus loin, et la diminution de volume est de 50 p. o/o.

La perte en poids est à peine connue, parce que les bois verts et les bois torréfiés sont mesurés et ne sont pas pesés.

D'après une expérience de M. Sauvage, du bois de 10 mois de coupe, conservé à l'air et humide, a perdu 52 p. o/o de son poids, en perdant 40 p. o/o de son volume.

Ce bois devait contenir de 25 à 30 p. o/o d'eau hygrométrique ; ainsi la distillation lui a enlevé de 22 à 27 p. o/o de son poids en matières volatiles, contenant des principes combustibles.

D'après un essai du même ingénieur, le bois torréfié, provenant de cette même expérience, était équivalent à 58 p. o/o de son poids de carbone, c'est-à-dire qu'il pouvait développer autant de chaleur que cette quantité de carbone.

D'après ces nombres respectifs, et en calculant comme je l'ai fait à l'article du bois vert, on trouve pour le bois torréfié, dont la distillation a été poussée jusqu'à perte de 40 p. o/o de son volume, c'est-à-dire pour celui qui est généralement employé dans les hauts-fourneaux :

1° Que 1 kilogramme de bois torréfié peut développer autant de chaleur que 0^k,66 de charbon de forêt, et 1 mètre cube de ce bois autant de chaleur que 0^{m.c.},80 du charbon de forêt qui provient de la même espèce de bois ;

2° Que le bois torréfié, provenant de 1 stère de

bois vert, peut développer autant de chaleur que $0^{m.c.},49$ de charbon de forêt provenant de la même espèce de bois.

Nous avons vu ci-dessus que 1 stère de bois vert peut généralement développer autant de chaleur que $0^{m.c.},64$ du charbon de forêt qui provient de cette espèce de bois : la différence de ces deux nombres 49 et 64 est due à la perte de matières combustibles résultant de la distillation.

Ainsi, si le bois torréfié brûlait dans les hauts-fourneaux aussi utilement que le fait le charbon de forêt, l'emploi de ce procédé équivaudrait, sous le rapport de l'économie de combustible, à un procédé de carbonisation qui, au lieu de 29 p. o/o en volume, rendement habituel à la sortie de la halle, ferait rendre au bois 49 p. o/o ; l'économie résultant de ce procédé serait donc mesurée par la différence des nombres 49 et 29, c'est-à-dire qu'elle serait de 41 p. o/o de la consommation primitive dans un fourneau qui ne consommerait que du bois torréfié sans mélange de charbon de forêt.

Ce nombre 41 p. o/o est donc la limite de l'économie de combustible que peut produire l'emploi du bois torréfié au degré habituel de torréfaction ; cette limite n'est pas atteinte, parce que le bois torréfié brûle dans les hauts-fourneaux moins utilement que le charbon, c'est-à-dire que la proportion des gaz combustibles qui s'échappent du fourneau est plus considérable, comme on le reconnaît à l'augmentation de la flamme du gueulard.

Nombre de caisses nécessaires.

Voyons quel est le travail journalier d'une caisse de torréfaction, et combien il en faut pour un haut-fourneau.

En fixant à 8 heures la durée moyenne d'une opération, chargement et déchargement compris,

la distillation sera conduite avec toute la lenteur
désirable ; alors chaque caisse fera 3 opérations
par jour. Admettant pour la caisse une capacité de $0^{m.c.}$,8, elle contient le bois découpé
provenant d'environ $\frac{3}{4}$ de stère de bois cordé ;
ainsi chaque opération sera de $\frac{3}{4}$ de stère, et les
3 opérations d'un jour carboniseront 2 stères $\frac{1}{4}$.

Un fourneau faisant par jour 3 mille kilogr.
de fonte, et marchant uniquement au bois
torréfié, consomme par jour de 36 à 45 stères
de bois vert, à raison de 12 à 15 stères par 1,000 k.
de fonte ; il exige donc de 16 à 20 caisses de cette
capacité.

A Harraucourt il y en a 17, à Vendresse 14, et
dans cette dernière usine on en construit 5 autres.

Frais de torréfaction.

J'ai indiqué précédemment les frais de découpage, et je ne parle ici que des frais de torréfaction
proprement dite.

Frais de main-d'œuvre. Pour cette opération
il faut par 24 heures 4 ouvriers en 2 postes. Ils
prennent les rasses qui ont été montées au gueulard font le chargement et le déchargement des
caisses et vident dans le haut-fourneau le bois
torréfié. Dans le travail au charbon seul il faut au
gueulard 3 ouvriers dont 2 chargeurs en 2 postes
et 1 remplisseur de rasses ou rouleur pour le charbon (ce sont les chargeurs qui remplissent les
conges de minerai). Dans le travail au bois torréfié
ce remplisseur de rasses n'existe plus, et de plus
les chargeurs ont moins de besogne, il ne reste
donc que 3 ouvriers nécessités par la torréfaction.

Ces 3 ouvriers à 1 fr. 50 c. l'un, coûtent 4 fr.
50 c., et peuvent aisément surveiller la torréfac-

tion journalière de 40 stères, ce qui fait par stère de bois vert 0 fr. 12 c., mais comme souvent les fourneaux ne consomment pas 40 stères j'admettrai 0 fr. 15 c.

Intérêt des frais d'établissement et entretien des appareils de torréfaction. Chaque four coûte environ 1.000 fr., maçonnerie, étouffoirs et chariots compris, savoir :

Fonte et fer. . . . 2.500 k. à 300 fr. les 1.000 k. . . .	750
Maçonnerie et pose.	100
Frais divers et principalement frais de maçonnerie pour supporter l'établissement des fours au gueulard.	150
Cette dépense est beaucoup moindre pour les fours qui sont chauffés par la chaleur perdue des feux d'affinerie.	
Total. . . .	1.000

Soit 10 p. 0/0 de cette somme, ou 100 fr. pour en représenter l'intérêt et pour subvenir aux frais d'entretien, qui sont très-faibles.

Un four carbonise par jour 2 stères 1/4, soit pour 330 jours d'activité annuelle 750 stères, cela fait par stère, 0_{fr},133, soit 0,15.

Indemnité de brevet. Une licence se vend 1.200 fr. par an et par fourneau ; un haut-fourneau, faisant 1 million de kilogrammes de fonte par année, consomme 12.000 à 15,000 stères de bois, à raison de 12 à 15 stères par 1.000 kil. de fonte ; ainsi l'indemnité est 8 à 10 cent. par stère, soit : 0,10.

Ainsi en résumé :

Frais de torréfaction.	Par stère de bois vert cordé.
Main d'œuvre.	0_{fr},15
Intérêts des frais d'établissement et entretien.	0 ,15
Indemnité de brevet	0 ,10
Total. . . .	0_{fr},40

CHAPITRE II.

EMPLOI DU BOIS TORRÉFIÉ DANS LES HAUTS-FOURNEAUX.

Les hauts-fourneaux, dans lesquels le bois torréfié est employé depuis longtemps déjà d'une manière continue et usuelle, sont ceux de Harraucourt, Vendresse, Senuc, les Bièvres, Montblainville et Mutterhausen. Il a été essayé dans les hauts-fourneaux de Montiers-sur-Saulx (Meuse)., Maucourt (Ardennes), Brazey (Côte-d'Or), et son emploi va y être continué ; quelques autres usines, entre autres celles de Clos-Mortier (Haute-Marne), établissent des appareils pour cet emploi. Les usines de Yägerthal (Haut-Rhin), et Hayange, vont commencer des essais.

Haut-fourneau de Harraucourt.

Ce haut-fourneau est situé dans la commune de Harraucourt, département des Ardennes, à environ 12 kilomètres sud de Sedan, il appartient à MM. Fort et Guillaume.

Le minerai est un peroxide hydraté, en très-petits grains amorphes, dont la grosseur ne dépasse pas celle d'un grain de millet. Les diverses variétés de ce minerai alimentent la plupart des fourneaux de cette contrée. *Minerai.*

La mesure locale est la bache, mesure de volume, dont le poids moyen est de 25 kil.

Pour la castine la mesure locale est la conge d'environ ½ pied cube ancien, soit 17 litres. *Castine.*

10

Bois de charbonnage.

Le bois de charbonnage est du taillis de 18 à 20 ans; lorsqu'on travaillait au charbon seul il y entrait environ deux tiers de bois des environs, dits bois de France, et contenant $\frac{2}{5}$ d'essences tendres, l'autre tiers venait de Belgique, et était de qualité supérieure, ne contenant presque que des essences dures.

La mesure locale est la corde de 8 pieds sur 4 et sur 34° anciens, soit 3$^{m.c.}$,11,

Pour le charbon les mesures sont le poinçon et la respe.

A la réception on mesure sur deux poinçons, l'un ras, l'autre comble, et on admet qu'à la sortie de la halle, c'est-à-dire au moment de l'emploi, il n'y a plus que 2 poinçons ras.

Le poinçon ras contient environ 225 litres, le poinçon comble 275, ensemble $\frac{1}{2}$ mètre cube.

La corde rend 4 poinçons, de sorte que le rendement est à l'entrée de la halle de 32,2 p. 0/0 en volume, et de 29 p. 0/0 à la sortie.

La mesure de consommation est la respe, le poinçon en donne 2 $\frac{1}{2}$, elle contient environ 90 litres.

Bois employé en nature.

Le bois livré à torréfaction est uniquement du taillis des environs, c'est-à-dire contenant $\frac{2}{5}$ d'essences tendres.

La respe, mesure de consommation, est d'environ 110 litres. La corde en donne exactement 31 $\frac{2}{3}$, terme moyen, ce qui ferait que 100 de bois cordé donnerait 112 de bois découpé si la respe contenait toujours 110 litres.

Le bois n'est pas mesuré après torréfaction, parce que de l'étouffoir il est immédiatement versé dans le fourneau; on admet que la diminution de volume est généralement de 40 p. 0/0.

Le vent est froid; il y a 2 tuyères placées sur 2 Soufflerie. faces opposées; la pression moyenne du vent est de 4 centimètres à la sortie des buses.

Chaque buse a 4 centimètres de diamètre. La quantité de vent lancée par minute occuperait, à la température de o et à la pression atmosphérique, un volume de 13$^{m.c.}$,4. Cette quantité calculée d'après le volume engendré par le mouvement des pistons serait de 21$^{m.c.}$; ainsi, l'effet réel est de 63 p. o/o de la quantité calculée d'après le mouvement des pistons.

Il n'a été fait au fourneau aucune modification Fourneau. pour l'approprier à l'emploi du bois torréfié. Voici ses principales dimensions :

La cuve est ovale.
   Le gueulard a o^m.,65 sur o^m.,54
   Le ventre . . 1 ,95 sur 1 ,79
L'ouvrage { à la naissance des étalages. o,86 sur o,76
       { à la hauteur de la tuyère. o,65 sur o,54
Du fond du creuset à la tuyère, o,46.
Du fond du creuset à la naissance des étalages, 1^m.,62.
   Cette hauteur d'ouvrage est très-considérable, on la maintient telle parce que les minerais sont réfractaires, et qu'on veut de la fonte grise.
   Hauteur des étalages . . . 1^m.,3o
   Hauteur totale . . . . . . 8 ,12
Inclinaison des étalages { sur les 2 faces de tuyère . . 69 degrés.
              { des 2 autres côtés 67

La fonte est grise, à grain fin, et quelquefois, Nature du mais rarement, un peu graphiteuse. Elle est em- produit. ployée en partie pour gueuse, en partie pour moulage de pièces mécaniques. Comme gueuse elle donne du fer *bon métis*. Comme fonte de moulage, ses produits sont à la fois doux à la lime et résistants.

Elle est puisée dans l'avant-creuset avec des poches.

Travail au charbon seul. Dans le travail au charbon seul la charge se composait de :

Charbon. 4 respes = 0m.c.,361.
Minerai. 6½ baches = 162k.,5.
On faisait 43 charges en 24 heures.

La consommation moyenne par 1.000 k. de fonte était de :

30 poinçons, qui, à 225 litres l'un, faisaient 6m.c.,750 de charbon mesuré à la sortie de la halle (1), qui, à 220 k. par mètre cube, pesaient 1.485 k. et qui, à 29 p. 0/0, provenaient de 23st.,327 de bois.

La production mensuelle était de 66 mille kilogrammes, le rendement du minerai de 32 p. 0/0.

Les 1.000 k. de charbon fondaient { minerai . . . 2.127 k.
castine . . . 85
————
2.212 k.

Ainsi ce fourneau, sans marcher économiquement, avait une allure assez bonne, eu égard à son mode de travail, à la nature de la fonte et au vent froid.

Travail au mélange de charbon et de bois torréfié. Pendant quelque temps le fourneau a marché avec 2 respes de charbon à la charge et le reste du combustible en bois torréfié, les résultats de ce travail ont été publiés par M. Sauvage.

Depuis cette époque on a diminué la proportion de charbon, et le fourneau marche avec 1 respe de charbon par charge; voici les résultats de cette allure :

Octobre 1837.

Nombre de charges. 1.103 pour 31 jours, d'où par jour 35 6/10
Charbon. . . . . . 1.103 respes . . . . = 99m.c.,491
Bois torréfié. Il provenait de 7.169 ½ respes de bois vert, faisant 788m.c.,65 et provenant de 704st.,142 de bois cordé.
Minerai. . . . . 174.100k.
Castine. Non indiquée aux roulements.

Fonte. { gueusets . . 41.827k. | 62,314k.
moulages . . 20.487 |

---

(1) Dans le mémoire de M. Sauvage, cette consommation est indiquée en charbon mesuré à l'entrée de la halle, alors les 30 poinçons font 7m.c.50.

Composition de la charge.

Charbon 1 respe . . . . = 0,090 ⎫
Bois torréfié. Il provenait de 6 ½ respes, soit de ⎬ 0m.c.,519
   om.c.,715 de bois vert, qui, à 60 p. o/o avaient
   donné en bois torréfié . . . . 0.429 ⎭

Minerai . . . 6 baches ¼ = 158k.

Le volume du bois torréfié n'a pas été mesuré, mais en admettant le rendement moyen de 60 p. o/o, il est entré dans le volume total du combustible pour 82 p. o/o.

Consommation aux 1.000 k. de fonte.

Charbon 1m.c.,596, qui, à 29 p. o/o, proviennent de 5st.,503 de bois cordé.

Bois, d'où provient le bois torréfié. 11st.,298, qui, à 29 p. o/o, eussent donné 3m c ,276 de charbon de forêt.

Consommation totale de combustible ⎰ éval. en bois . 16st ,801
                             ⎱ éval. en charb. . 4m.c.,872

Minerai . . . . 2.795 k., ce qui fait un rendement de 35,7 p. o/o.

Comparons les résultats du travail au charbon seul, avec ceux du travail au mélange de charbon et de bois torréfié, dans lequel ce bois entrait pour 82 p. o/o dans le volume total du combustible. *Comparaison.*

1° La charge de minerai a été diminuée d'une très-petite quantité, et les ¾ de la charge de charbon ont été remplacés par un volume plus considérable de bois torréfié, de sorte que le volume total de la charge a été augmenté.

2° La descente des charges a été un peu ralentie.

3° L'allure du fourneau a été régulière, et n'a présenté ni accidents ni chute de minerai.

4° La qualité de la fonte n'a été en rien altérée, seulement son grain paraît être devenu un peu plus fin.

5° Le rendement du minerai est plus considérable qu'il n'était ordinairement dans le travail au charbon seul, et on admet à l'usine que cette augmentation est due seulement à une plus grande pureté des laitiers ; mais il est possible qu'elle soit due en partie , au moins, à une augmentation de richesse de minerais.

6° La production de ce mois est un peu moindre que la production moyenne dans le travail au charbon seul. Cette diminution, très-peu importante, peut être attribuée à l'emploi du bois torréfié (1).

7° L'économie de combustible est assez considérable ; en effet,

Dans le travail au charbon seul la consommation de combustible était de	$23^{st},327$ de bois par 1.000k. de fonte.
Au mélange de charbon et de bois torréfié elle est seulement de. . .	16, 801
Économie de combustible.	6, 526
ou 28 p. o/o du total primitif.	

Autrement :

Dans le travail au charbon seul la consommation de charbon était de. .	$6^{m.c.},750$
Au mélange de charbon et de bois torréfié on ne met en charbon que	1, 596
Différence.	5, 154

---

(1) A l'époque où M. Sauvage a étudié la marche de ce fourneau , sa production était de 76 mille kilogrammes par mois. Cette augmentation de production me paraît devoir être attribuée plutôt à l'influence de la soufflerie qu'à celle du bois torréfié. Ordinairement, en effet, les 2 pistons battent ensemble 14 coups par minute ; mais pendant les hautes eaux d'hiver , et c'était le cas alors, ce nombre s'élève à 15, ce qui augmente la quantité de vent, et peut par suite augmenter la production. C'est sans doute à cette accélération de la soufflerie qu'était due cette augmentation de production ; car, en général, l'emploi du bois torréfié, comme celui du bois en nature, **tend à diminuer** la production plutôt qu'à l'augmenter.

Ainsi on a supprimé 5^{m.c.},154 de charbon, ou les ¼ de la consommation primitive, et on les a remplacés par le bois torréfié, provenant de 11st.,298 de bois vert; de sorte que le bois torréfié, provenant de 1 stère de bois vert, a remplacé 0^{m.c.},456 de charbon mesuré à la sortie de la halle.

Pendant la période de travail décrite par M. Sauvage, et dans laquelle, la charge recevant encore 2 respes de charbon, la moitié seulement du charbon avait été remplacée par du bois torréfié, le bois torréfié, provenant de 1 stère de bois vert, avait remplacé 0^{m.c.},437 de charbon mesuré à la sortie de la halle : ainsi l'effet utile du bois torréfié n'a pas été en décroissant lorsque sa proportion a augmenté.

Si ce fourneau consomme encore du charbon de forêt, c'est parce qu'il veut user ses approvisionnements.

En septembre 1837, on a essayé de marcher au bois torréfié seul, sans mélange de charbon, afin de s'assurer de la possibilité de cette allure; et après des tâtonnements de courte durée, on est arrivé à donner au fourneau une allure régulière, en tout semblable à celle qu'il avait auparavant. Alors la consommation de combustible par 1.000 kil. de fonte était sur le pied de 5 cordes de bois, soit 15st.,55 qui, à la carbonisation, donneraient 20 poinçons de charbon.

D'après cela, l'économie de combustible à réaliser par l'emploi du bois torréfié sans mélange de charbon, serait exactement de ⅓ de la consommation primitive. Ce chiffre de ⅓ est même un peu trop faible, car, d'une part, il est permis d'espérer, qu'après la suppression complète du charbon, l'effet utile du bois torréfié ne sera pas moindre que maintenant, de sorte que le bois torréfié, provenant de 1 stère de bois vert, remplaçant maintenant $0^{m.c.},456$ de charbon, il est probable que les $6^{m.c.},75$, qui constituent la consommation au charbon seul, seront remplacés proportionnellement par le bois torréfié provenant de $14^{st.},8$ de bois, de sorte que l'économie de combustible serait de $36\frac{1}{7}$ p. o/o : d'autre part, les bois actuellement soumis à la torréfaction sont, comme je l'ai dit, de qualité un peu inférieure aux anciens bois de charbonnage, ce qui tend encore à élever un peu le chiffre de l'économie.

Nous avons d'ailleurs vu plus haut, que la limite théorique de cette économie est d'environ 41 p. o/o, et qu'il n'est pas probable qu'elle puisse être atteinte.

Haut-fourneau de Vendresse.

Le haut-fourneau de Vendresse est situé dans la commune de ce nom, département des Ardennes, à 2 myriamètres sud-ouest de Sedan et près du canal des Ardennes. Il appartient à M. Gendarme.

Minerai. Le minerai est un peroxide hydraté en très-petits grains. Il est assez fusible.

Bois de charbonnage. Le bois de charbonnage est du taillis de 20 à 25 ans, qui renferme de $\frac{2}{5}$ à moitié d'essences tendres, et qui croît dans les terrains humides ; de sorte que le bois dur, lui-même, est de médiocre qualité.

La mesure locale est la corde de 7 pieds de 11 pouces, sur 5 pieds de 11 pouces, et sur 30 pouces longueur du bois ; elle contient $2^{st.},52$.

La mesure de réception pour les charbons est la queue; et d'après l'usage général des Ardennes, on reçoit l'une comble et l'autre rase, afin de compenser le déchet de halle. *Charbon.*

La queue rase contient 500 litres environ, et la queue comble environ 635.

On admet qu'à la sortie de la halle ces deux queues se sont réduites à deux queues rases, soit à un mètre cube; en réalité elles donnent à la sortie 12 respées qui, à 85 litres l'une, terme moyen, font $1^{m.c.}$,02. Pour l'établissement des comptes on a une unité fictive qu'on nomme banne, et qui est de 10 queues ou de $5^{m.c.}$,1 à la sortie. On compte aussi par poinçons, 2 poinçons$=$1 queue.

A la carbonisation 7 cordes rendent la banne, soit 32 p. o/o à l'entrée de la halle, et 29 à la sortie.

Ce charbon ne pèse que 200 kil. le mètre cube.

Le bois, qui est soumis à la torréfaction est le même que celui qu'on carbonisait autrefois. *Bois demi-carbonisé.*

La mesure de consommation pour le bois découpé, est la respée dont la contenance est d'environ 120 litres.

Un essai fait sur 1.027 cordes de $2^{st.}$,52 l'une, a donné 25 respées par corde; ainsi, si la contenance de la respée était toujours de 120 litres, 100 de bois cordé donneraient 120 de bois découpé. Cette augmentation de volume est très-considérable, et peut-être ce chiffre n'est-il pas exact, mais il sera sans influence sur les roulements que j'indiquerai ci-dessus, parce que j'employerai seulement le rapport de 25 respées à la corde, rapport qui est certain.

La torréfaction n'est poussée qu'à un point peu avancé, et la perte en volume n'est que d'environ 25 p. o/o.

Soufflerie. Le vent est froid. Il y a deux tuyères sur deux faces opposées. La quantité de vent, calculée d'après le volume engendré par les pistons, serait de 35 mètres cubes par minute, ce qui, au rendement probable de 60 p. o/o, fait en réalité 21 mètres cubes.

Fourneau. Il n'a été fait, aux dimensions intérieures du fourneau, aucune modification pour l'approprier à l'emploi du bois torréfié. Voici ses principales dimensions :

Diamètre du gueulard. $0^m,60$.
Le ventre est ovale et à 2^m sur $2^m,11$.
Côté de l'ouvrage à la naissance des étalages $0^m,87$.
À la hauteur de la tuyère l'ouvrage a $0^m,60$ sur $0^m,87$.
Du fond du creuset à la tuyère $0^m,46$.
Du fond du creuset à la naissance des étalages $1^m,46$.
Hauteur des étalages $1^m,50$ (environ).
Hauteur totale $8^m,77$.

Nature du produit. La fonte est grise tirant sur le blanc; elle est uniquement employée à la fabrication des projectiles de guerre. Elle est puisée, à l'aide de poches, dans l'avant-creuset.

Travail au charbon seul. Voici l'ensemble de trois mois : mai, juin et juillet 1836, qui sont les 10e, 11e et 12e mois d'un fondage au charbon seul.

Nombre de charges. 3920 pour 92 jours, soit par jour $42\frac{6}{10}$.
Charbon. . . . . . 376 bannes $\frac{75}{100}$ = $1921^{mc},43$.
Minerai. . . . . . . 732,050k.

Fonte . . $\begin{cases}\text{Projectiles.. . . . . . } 230.196 \text{ k.}\\ \text{Pièces d'arsenaux. . } 300\\ \text{Marchandises. . . . } 403\\ \text{Pièces pour l'usine. } 1.251\\ \text{Débris.. . : : . . . } 40\ 913 \text{ ou } 17,7 \text{ p. o/o de la quantité de projectiles.}\end{cases}$

        Total   273.057 k soit par mois 91 019 k.
Castine. . . . On n'en emploie presque jamais.

Composition de la charge :

Charbon. . 5 respées $\frac{7}{10}$ = $0^{mc},490$.
Minerai.   187 k.

Consommation aux 1.000 kilog. de fonte.

Charbon. . 7^{mc},00 qui à 200^k pèsent 1400^k et qui à 29 p. o/o
proviennent de 24st.,138 de bois.
Minerai. . 2680^k d'où rendement 37,3 p. o/o.

Les 1.000 kilog. de charbon ont fondu 1.914 kilog. de minerai.

Pendant ces trois mois l'allure du fourneau était bonne et surtout très-régulière, car chacun d'eux, considéré isolément, donne presque identiquement les mêmes résultats que leur ensemble; mais, ces trois mois appartenant à la fin d'un fondage, leur consommation de combustible était un peu supérieure à la moyenne. Cette consommation moyenne est évaluée de 26 à 27 poinçons, soit à 6^{m.c.},758, provenant, à 29 p. o/o, de 23st.,303.

La production de ce fourneau est considérable, eu égard au vent froid et à l'emploi de la fonte; elle est due à la fusibilité des minerais, à la nature de la fonte et aussi à la puissance de la soufflerie. Il faut observer, du reste, que cette production de 91 mille kilogrammes est plutôt au-dessus qu'au-dessous de la moyenne, à cause de l'influence de la fin du fondage.

L'emploi du bois torréfié a commencé en décembre 1836; et, depuis cette époque, il a continué sans interruption.

Voici l'ensemble de trois mois, juillet, août, septembre 1837; ce sont les 8e, 9e et 10e mois du fondage; ils ont été très-réguliers, et peuvent être comparés aux trois mois de travail au charbon seul que je viens de citer.

Nombre de charges. 4.275 pour 92 jours, soit par jour 46 $\frac{4}{10}$.
Charbon. 4.275 respées = 363^{m.c.},375.
Bois torréfié. Il provient de 29.995 respées de bois vert décorpé qui à 25 par corde proviennent de 3.026^{st.},44 de bois cordé.
Minerai. 614.515^k.

Fonte.
- Projectiles . . . . . 205.650k.
- Pièces d'arsenaux . 4.895
- Pièces pour l'usine . 2.116
- Débris . . . . 29.269 ou 14 p. o/o du poids des projectiles.

242.119, d'où par mois 80.706.

Composition de la charge.

Charbon de bois. 1 respée . . . . = 0m.c ,085
Bois torréfié. Il provient de 7 respées
  de bois vert et cube environ . . . . . 0, 630 $\Big\}$ 0m.c.,715
Minerai. 144 k.

Le volume du bois torréfié n'est pas mesuré, mais en admettant un rendement moyen de 75 p. o/o, le bois torréfié entre dans le volume total du combustible pour 88 p. o/o.

Consommation aux 1.000 k. de fonte.

Charbon. 1m.c.,508, qui, à 29 p. o/o, proviennent de 5st.,200 de bois.

Bois torréfié. Il provient de 12st.,499 de bois vert, qui, à 29 p. o/o, eussent donné à la carbonisation 3m.c.,624 de charbon de forêt.

Consommation totale de combustible. $\Big\{$ évaluée en bois.. 17st.,699 — évaluée en charb. 5m.c.,132
Minerai. 2.538 k., d'où rendement 39,3 p. o/o.

Comparaison.

Comparons les résultats du travail au charbon seul, à ces résultats du travail au mélange de charbon et de bois torréfié, dans lequel ce bois entre pour 88 p. o/o du volume total.

1° La charge de minerai a été diminuée, néanmoins le volume total de la charge a été augmenté.

2° La descente des charges a été accélérée.

3° L'allure du fourneau est parfaitement régulière et ne présente aucun accident.

4° Le rendement des minerais est plus considérable, et on attribue cet effet au bois; il est possible pourtant qu'il soit dû en partie, au moins, à une augmentation de richesse du minerai.

5° La production mensuelle a été moindre de $\frac{1}{10}$ environ, et cette diminution peut être, pour moitié environ, attribuée à l'emploi du bois, le reste étant dû à l'influence des basses eaux.

6° La nature et la qualité de la fonte n'ont pas été modifiées. La fonte a été aussi facile à mouler que pendant le travail au charbon seul, puisque la proportion des débris a été moindre qu'elle n'était alors :

7° Il y a une économie considérable de combustible. En effet :

Dans le travail au charbon seul, la consommation de combustible était de . . . . 24$^{st.}$,138 par 1.000k. de fonte.
Elle est maintenant de. 17, 699
      Economie de combustible 6, 439
Ou 27 p. o/o de la consommation primitive.

Autrement :

Dans le travail au charbon seul, on consommait en charbon. . . . . 7$^{m.c.}$,000
Maintenant on ne consomme plus en charbon de forêt que 1, 508
      Différence. . . . 5, 492

Ainsi on a supprimé 5$^{m.c.}$,492 de charbon, ou 78 $\frac{1}{2}$ p. o/o de la consommation primitive, et on les a remplacés par le bois torréfié, provenant de 12$^{st.}$,499 de bois, de sorte que le bois torréfié provenant de 1 stère de bois vert a remplacé o$^{m.c.}$,44 de charbon de forêt.

Si on emploie encore du charbon, c'est pour épuiser les approvisionnements. Lorsque le fourneau n'emploiera plus de charbon, il est probable que le bois torréfié y produira le même effet utile qu'à présent ; de sorte que les 6$^{m.c.}$,758 de charbon, qui représentent l'allure moyenne, seront remplacés par le bois torréfié provenant de 15$^{st.}$,341, et alors l'économie de combustible sera de 34 p. o/o.

Haut-fourneau de Senuc.

Ce haut-fourneau est situé dans la commune de Senuc, département des Ardennes, à 8 kilom. sud de la petite ville de Grand-Pré. Il appartient à MM. Germain et Lorcet.

Minerai.   Le minerai est du peroxide hydraté, en très-petits grains amorphes. La mesure locale est la bache, dont le poids varie de 22 à 25 kil.

Castine.   La castine ne figure pas aux livres, parce qu'elle ne coûte rien, on en emploie environ 3 p. o/o du poids du minerai.

Bois.   Le bois livré à la torréfaction est du taillis de 18 ans, contenant $\frac{3}{5}$ d'essences dures; mais, les essences tendres et les menus bois sont triés, et réservés en grande partie pour la forge, de sorte que le bois consommé par le haut-fourneau ne contient presque que du bois dur.

La corde, mesure locale, a 74 po. sur 51, et la longueur du bois est de 26 à 27"; c'est le double stère. Le bois est bien dressé, et d'ailleurs la faible longueur des bûches se prête à ce dressage mieux que ne ferait une plus grande longueur.

La mesure de consommation pour le bois vert découpé est la respe de $\frac{1}{10}$ de mètre cube, la corde en rend 23, terme moyen, ce qui ferait que 100 de bois cordé donneraient 115 de bois découpé, si les respes contenaient toujours également $\frac{1}{10}$ de mètre.

Le mode de chargement usité à Harvaucourt et à Vendresse, au moyen des étouffoirs eux-mêmes, ne pouvant être employé à Senuc à cause de la disposition des fours, le bois torréfié est mis dans des respes, de sorte que son volume est

mesuré, et que par suite la diminution de volume qu'il éprouve à la torréfaction est bien connue. Cette diminution est en général de 40 p. o/o.
La mesure pour le bois torréfié est la respe de
$\frac{1}{10}$ de mètre cube.

Le vent est froid, il n'y a qu'une seule tuyère.   Soufflerie.

Voici les principales dimensions du fourneau :   Fourneau.

> Diamètre du gueulard. 0^m.,55
> Diamètre du ventre. . 2 ,00
> Le creuset a 0,72 sur 0,38.
> Du fond du creuset à la tuyère, 0,34
> Du fond du creuset au ventre, 2,67
> Hauteur totale. .   8,33

La fonte est blanche, elle est destinée à la forge.   Nature
du produit.
Ce fourneau n'a jamais consommé de charbon;   Roulement.
sa première mise en feu est d'avril 1836, et depuis
cette époque il marche au bois torréfié, sans mélange de charbon : son allure est régulière, sans accidents, et avec peu de variations dans le rendement, la consommation et la production.

La production est faible et varie de 60 à
65.000 kilog. par mois; cet effet doit être attribué en partie aux petites dimensions du fourneau
mais en partie aussi à l'influence du bois torréfié.

Voici l'ensemble de deux mois, mars et avril
1837, 7e et 8e mois d'un fondage.

Pendant ces deux mois on a employé une petite
quantité d'escarbilles de houille; ces escarbilles
provenaient d'une forge à l'anglaise qui existe
dans l'usine, et elles avaient pour but d'empêcher
les chutes de minerai; mais depuis longtemps
déjà on n'en a plus, et on a cessé de les employer,
sans que l'allure du haut-fourneau soit en rien
dérangée, et sans que les chutes de minerai aient
paru plus fréquentes.

Nombre de charges. 1.814 pour 62 jours, soit par jour, $29\frac{7}{10}$.

Bois torréfié. . . . 9,070 respes $=$ 907m.c., provenant de 14.971 respes $=$ 1.497m.c.,1 de bois vert découpé, qui provenait lui même de 1.301st.,85 de bois cordé. La perte en volume à la torréfaction a été de 60 p. 0/0.

Escarbilles de houille. 1.758 baches de 15 litres l'une pesant environ à 3k. l'une, 5.274k.

Minerai . . . . 13.074 baches pesant 299. 641k.

Fonte. { Gueuse. . . . . 114.213.
{ Moulages à découvert. 10 677.

124.890. soit par mois 62.445 k.

Composition de la charge :

Bois torréfié. 5 respes $=$ 0m.c.500.
Escarbilles de houille. 2k.,9
Minerai . . . . . . 7 baches $\frac{2}{10}$ $=$ 167 k.

Consommation aux 1.000 kilog. de fonte.

Bois torréfié . . . . 7m.c.262 provenant de 10st.,424 de bois cordé.

Escarbilles de houille. 42k. en admettant que 3 kil. d'escarbilles produisent le même effet que 2 k. de charbon de bois, ce serait 28 k. de charbon, et comme le stère en rend, terme moyen, 67k, ce serait l'équivalent de 0st.,42.

Ainsi consommation totale de bois, 10st.,844.

Minerai. . . . . 2 400 k. d'où rendement, 41,6 p. 0/0.

La consommation de combustible, depuis que le fourneau est établi, a varié avec les mois entre 10 et 12 stères de bois par 1.000 kilogrammes de fonte; on peut admettre 11 stères pour la moyenne d'un fondage. Ce bois est, comme je l'ai dit, presque entièrement composé d'essences dures à cause du triage qui a lieu pour la forge.

Cette consommation de 11 stères correspond à 3m.c., 190 de charbon mesuré à la sortie de la halle, et pesant 734 kilogrammes, à raison de 230 kilogrammes l'un.

Ce fourneau n'ayant jamais marché au charbon, on ne peut comparer cette consommation de combustible à celle qu'il aurait donnée dans le travail au charbon; mais, considérée en elle-même, cette consommation est évidemment très-économique.

Les hauts-fourneaux des environs de Saint-Dizier, qui traitent des minerais de même richesse, mais plus fusibles, et qui travaillent de même au vent froid, consomment généralement, par 1.000 kil. de fonte, le charbon provenant de 17 à 18 stères de bois taillis analogues à ceux de Senuc. Le haut-fourneau de Senuc, en marchant au charbon seul, consommerait donc environ 18 stères, et, s'il en était ainsi, l'économie de combustible résultant de l'emploi du bois torréfié serait d'environ 38 p. o/o.

Hauts-fourneaux de Montblainville.

Les hauts-fourneaux de Montblainville sont situés dans la commune de ce nom, département de la Meuse, à 4 kilomètres de Varennes; ils appartiennent à M. Bellevue.

Tous les résultats que je rapporterai sont relatifs au fourneau n° 1.

Le minerai principal est un peroxide hydraté, en très-petits grains amorphes; on y mélange une petite quantité de minerai de Nouart, qui n'est qu'un calcaire ferrugineux très-pauvre qui sert de fondant. Le minerai mélangé rend environ 40 p. o/o; mais le rendement exact ne figure pas dans les roulements, parce que dans les comptes de l'usine le minerai de Nouart est compté seulement pour 10 p. o/o de son poids réel, ce qui augmente le rendement apparent du minerai.

La mesure locale est la bache, dont le poids moyen est de 23 kil.

11

Castine. La mesure pour la castine est la bache de 20 kil.

Bois de charbonnage. Le bois de charbonnage est du taillis de 20 ans, ne contenant presque que du bois dur, et principalement du hêtre. La corde est le double stère.

La mesure de consommation pour le charbon est la respe de 12 au mètre cube, soit environ 85 litres.

Ce charbon pèse environ 240 kil. le mètre cube.

Le bois soumis à la torréfaction est de même espèce que le bois de charbonnage.

Bois torréfié. La mesure de consommation pour le bois vert découpé est la respe dont la contenance habituelle est de 90 litres. La corde ou double stère en donne 24. Ainsi, si la respe contenait toujours 90 litres, 1 stère de bois cordé donnerait $1^{m\,c.},08$ de bois découpé.

Après torréfaction, le bois est versé dans des respes dont la contenance est de même de 90 litres, on n'inscrit aux roulements que la consommation de bois torréfié, et on admet que la torréfaction diminue généralement le volume de 40 p. o/o.

Soufflerie. Le vent est chaud, mais il est chauffé par la chaleur perdue d'un foyer de chaufferie à la houille, qui chôme presque toujours le dimanche, ce qui peut nuire à la régularité de l'allure du fourneau et diminuer les bons effets du vent chaud.

La température moyenne du vent est de 275° centigrades, et sa pression est de 4 centim.

Le diamètre de la buse est de 55 millim., d'après cela la quantité de vent lancée par minute occuperait un volume de $8^{m.\,c.},60$ à la température de o, et à la pression atmosphérique; cette quantité est faible.

Fourneau. Il n'a été fait au fourneau aucune modification pour l'approprier à l'emploi du bois torréfié ; il a 8$^{m\cdot}$,33 de hauteur.

La fonte est blanche et destinée à la forge.

Les roulements au charbon seul, tels qu'ils étaient avant l'emploi du bois torréfié, ne me paraissent pas pouvoir être comparés aux roulements actuels avec un mélange de charbon et de bois torréfié, pour deux raisons ; parce que l'emploi du bois torréfié a suivi de très-près l'emploi de l'air chaud, de sorte que les roulements au charbon seul et au vent chaud sont peu connus ; et ensuite parce que les fourneaux paraissent être mieux soignés depuis l'emploi du bois, à cause de la surveillance spéciale qu'on apporte à cette innovation. Pour ces raisons je me bornerai à rapporter ici les résultats de l'emploi du bois torréfié.

Cet emploi a commencé au milieu de 1836, et depuis cette époque il a été continué sans interruption.

L'allure du fourneau n'a rien perdu de sa régularité, le rendement du minerai n'a pas été modifié, la production n'a pas été diminuée, et la fonte est restée de même nature et de même qualité.

Voici l'ensemble de 3 mois, juin, août et octobre 1837, ce sont les 3e, 5e et 7e mois d'un fondage. Il y a eu d'assez grandes variations dans la production d'un mois à l'autre.

Nombre de charges.　3.573 pour 92 jours, soit par jour 38,8.
Charbon de forêt. .　2.530 respes $=$ 210$^{m.c.}$,83.
Bois torréfié. . . . .　13.168 respes qui, à 60 p. o/o, proviennent de 21.947 respes de bois découpé, provenant elles-mêmes (à raison de 12 par stère), de 1.829 stères de bois cordé.

Minerai. . .　20.145 baches　$=$　463.335 $^k\cdot$
Castine . .　3.573 baches　$=$　71.760 $^{k\cdot}$
Fonte. . . .212.969 k. soit par mois.　70,989 $^{k\cdot}$

Le bois torréfié est entré pour 84 p. oo dans le volume total de combustible.

Composition moyenne de la charge.

Charbon. . . o respe $\frac{7}{10}$. . . . $=$ om.c.,059 $\Big\}$ om.c.,372.
Bois torréfié 3 respes $\frac{7}{10}$. . . . $=$ o ,313
Minerai. 5 baches $\frac{1}{2}$ $=$ 127k.
Castine . 1 bache $=$ 20

Consommation par 1.000 k. de fonte.

Charbon de forét. om.c.,990, qui, à 29 p.o/o, proviennent de 3st.,414 de bois.

Bois torréfié . . . Il provient de 8st., 588 de bois vert cordé, qui, à 29 p. o/o, eussent donné 2 m.c.,491 de charbon de forêt.

Consommation totale $\Big\{$ Evaluée en bois 12 st., 002. / Evaluée en charbon. 3m.c.,481.

Ces 3m. c.,481 de charbon, à 240 k l'un, pèsent 835 k.

Minerai. . . . . 2.175 k. d'où rendement 46 p. o/o (1).
Castine . . . . . 337 k.

Les 1.000 k. de charbon fondent $\Big\{$ *Minerai.* . 2.604 k. / *Castine.* . 404 $\Big\}$ 3.008 k.

J'ai dit que dans les roulements antérieurs de ce fourneau, lorsqu'il marchait au charbon seul, on ne pouvait trouver aucun terme de comparaison exact pour apprécier l'économie de combustible résultant de l'emploi du bois torréfié : on voit néanmoins que cette économie est considérable, puisque, en employant encore un peu de charbon, sa consommation totale n'est que de 12 stères de bois par 1.000 k. de fonte.

Au charbon seul et au vent chaud, sa consommation devrait être de 16 $\frac{1}{2}$ à 17 stères, de sorte que l'économie de combustible que réalise déjà l'emploi partiel du bois torréfié serait de 27 à 29 p. o/o de cette consommation.

---

(1) Comme je l'ai dit ci-dessus, et pour la cause que j'ai indiquée, ce rendement apparent est plus élevé que le rendement réel ; et par suite, le chiffre qui indique la quantité de matières fondues par 1000 kil. de charbon est trop faible

Haut-fourneau des Bièvres.

Le haut-fourneau des Bièvres est situé dans la commune d'Autrey, département des Ardennes, à 12 kilomètres sud de Grand-Pré.

Il appartient à M. Fauveau-Deliars.

C'est dans ce fourneau qu'ont été faits les premiers essais de l'emploi du bois torréfié par MM. Houzeau-Muiron et Fauveau-Deliars.

On traite les mêmes espèces de minerai qu'à Montblainville, le peroxide hydraté en grain et le calcaire ferrugineux de Nouart. *Minerai.*

La mesure de consommation est la bache, de 14 litres. Le minerai en grain pèse 23 k. la bache, soit 1.620 k. le mètre cube; le minerai de Nouart pèse 20 k. soit 1.400 k. le mètre cube.

La mesure pour la castine est la bache de 14 litres, pesant 20 k. *Castine.*

Le bois qu'on torréfie maintenant, et qu'on carbonisait autrefois, est du taillis de 20 ans, contenant $\frac{3}{4}$ d'essences dures. *Bois.*

La corde est le double stère.

La mesure pour le bois vert découpé est la respe, dont la contenance est d'environ 90 litres; la corde en donne 25, terme moyen, de sorte que si les respes avaient toujours cette contenance de 90 litres, 1 stère de bois cordé donnerait $1^{m.c.}$,125 de bois découpé.

Le bois est mis dans des respes après torréfaction, mais on n'inscrit aux livres que le nombre de respes de bois vert. On admet qu'en général la torréfaction diminue le volume de 40 p. 0/0.

Le vent est chaud. La température habituelle est de 220 degrés centigrades. *Soufflerie.*

Fourneau. Il n'a été fait au fourneau aucune modification pour l'approprier à l'emploi du bois. Voici ses principales dimensions :

<pre>
Diamètre du gueulard. . . . . . 0^m,59
Diamètre du ventre. . . . . . 2 ,00,
Le creuset a 0,43 sur 0,68
Du fond du creuset à la tuyère. 0 ,35
Du fond du creuset à la naissance des étalages 1^m.
Hauteur des étalages. . . . . . 1^m,67
Hauteur totale. . . . . 8 ,33
</pre>

Nature du produit. Avant l'emploi du bois torréfié, le fourneau faisait beaucoup de sablerie, et il paraît que cette fabrication a été interrompue pendant les essais, parce qu'ils donnaient au fourneau une allure irrégulière qui se prêtait mal à ce mode d'emploi de la fonte. Depuis cette époque on n'a guère fait que de la fonte de forge, mais on reprend le travail de la sablerie, l'allure du fourneau étant devenue tout à fait régulière.

La fonte pour la sablerie était grise, maintenant pour la forge elle est gris blanchâtre.

Travail au charbon seul. Les roulements obtenus pendant le travail au charbon seul ne peuvent être comparés aux roulements actuels pour diverses raisons ; le bois torréfié a suivi de près l'emploi de l'air chaud, de sorte que la plus grande partie des roulements au charbon seul sont au vent froid ; lorsqu'on travaillait au charbon seul, on travaillait en fonte grise pour sablerie, tandis que maintenant on travaille en fonte de forge dont la couleur tire sur le blanc ; de plus, au charbon seul la consommation paraît avoir été très-variable et souvent beaucoup trop considérable par suite d'irrégularités dans les fondages.

Pour ces raisons je me bornerai à citer les roulements au bois torréfié.

Travail au bois torréfié. L'emploi de ce bois a commencé en 1835, et a continué depuis sans interruption ; main-

tenant on travaille habituellement au bois torréfié seul, quelquefois on y mélange une très-petite quantité de charbon, dont l'emploi a pour
but, soit d'épuiser les approvisionnements, soit
peut-être dans certains cas de remédier à quelques accidents.

Voici l'ensemble des deux mois de septembre
et octobre 1837, ce sont les quatrième et cinquième du fondage.

Nombre de charges. 1.582 pour 61 jours, soit par jour 26.
Charbon de forêt 95 respes (a 10 ½ pour 4 poinçons de 225 litres
l'un, à la sortie) = 8m.c.,143.
Bois torréfié. Provenant de 15.613 respes de bois vert découpé,
qui, à 12 ½ par stère, proviennent elles-mêmes de
1.249st.,04.

Minerai { en grain, espèces
mêlées. . . 12.866 baches. = 295.918 k. } 303.818 k.
de Nouart. . 395 baches. = 7.900

Castine. 790 ½ baches = 15.810 k.

Fonte { gueuse. . . 109.217 k.
moulages. . 14.925

———————

124.142, soit par mois 62.071 k.

Composition de la charge :

Charbon de forêt (pour mémoire).
Bois torréfié. Il provient de 10 respes de bois découpé, et occupe
un volume d'environ om.c.,540.

Minerai { en grain, espèces diverses, 8 baches = 185 k.
de Nouart ¼ de bache. . . . . . . = 5

Castine. ½ bache = 10 k.

Dans le volume total de combustible, le bois
torréfié est entré pour 99 p. o/o, ainsi ce roulement peut être regardé comme étant au bois torréfié seul sans mélange de charbon.

Consommation par 1.000 kil. de fonte.

Charbon de forêt. om.c.,066, qui, à 29 p. o/o, proviennent
de ost.,227.
Bois torréfié. Il provient de 10st.,061 de bois vert cordé, qui,
à 29 p. o/o, eussent donné 2m.c.,917 de charbon
de forêt.

Consommation totale { évaluée en bois. 10$^{st.}$,288.
{ évaluée en charbon. 2$^{m.c.}$,983.
Ces 2$^{m.c.}$,983 de charbon, à 230 k. l'un, pèsent 686 k.
Minerai. 2.447 k. d'où rendement 40,9 p. o/o.
Castine.   127

Les 1.000 k. de charbon ont fondu { *minerai.* 3.719 k. } 3.912 k.
{ *castine..*   193 }

Ces deux mois étant pris au milieu d'un fondage, c'est-à-dire au moment où la consommation de combustible est la moindre, la consommation moyenne est un peu plus élevée que celle qu'ils ont donnée; et, d'après les roulements habituels, on peut admettre que ce haut-fourneau en fonte de forge, à l'air chaud et au bois torréfié seul, consomme, terme moyen d'un fondage entier, 11 stères de bois par 1.000 kilogrammes de fonte.

J'ai dit plus haut pourquoi cette allure ne pouvait être comparée avec exactitude avec la consommation qu'on avait autrefois dans le travail au charbon; mais, considérée en elle-même, cette allure est évidemment très-économique.

Au charbon seul en fonte de forge et à l'air chaud, ce fourneau, avec ses minerais riches, mais un peu réfractaires, devrait consommer environ 17 stères de bois; à ce taux, l'économie de combustible résultant de l'emploi du bois torréfié serait d'environ 35 à 36 p. o/o.

Hauts-fourneaux de Mutterhausen.

Les deux hauts-fourneaux de Mutterhausen sont situés à l'extrémité orientale du département de la Moselle, à 1 myriamètre sud de Bitche.

Ils travaillent au vent froid, et produisent de

la fonte grise de très-bonne qualité, employée en partie pour la forge, en partie pour le moulage en première fusion de pièces diverses, comme poteries et pièces mécaniques.

Au charbon seul, leur consommation de combustible aux 1.000 kilogrammes de fonte était considérable, et doit être attribuée à la nature de la fonte et à la pauvreté des minerais.

L'emploi du bois torréfié a commencé avec l'année 1837, et s'est continué depuis sans interruption. Il est d'abord entré dans la charge pour $\frac{1}{5}$, puis pour $\frac{2}{5}$, et enfin, depuis le mois d'octobre, pour $\frac{3}{5}$ du volume total du combustible. Pour cet emploi il n'a été fait aucune modification aux dimensions intérieures des fourneaux : leur allure n'a été ni dérangée ni modifiée; le rendement des minerais et la production n'ont pas été diminués; la fonte est grise, et souvent graphiteuse, comme elle était autrefois.

On a réalisé, par suite de cet emploi, une économie notable de combustible; mais je ne puis la préciser, les nombres qui m'ont été indiqués à l'usine, et les résultats numériques dont j'ai eu communication, n'étant pas assez positifs ou assez concordants pour que je puisse les rapporter ici.

Haut-fourneau de Brazey.

Les essais du haut-fourneau de Brazey (Côte-d'Or) ont eu lieu en juin et juillet 1837; ils ont été interrompus, parce qu'on a reconnu que des modifications faites à l'intérieur du fourneau avaient altéré son allure. Ils ont dû être repris à la fin de 1837.

Économie de combustible qui peut résulter de l'emploi du bois torréfié dans les hauts-fourneaux.

D'après les résultats obtenus dans les hauts-fourneaux dont je viens de donner les roulements, on peut admettre que, dans son emploi aux hauts-fourneaux, et quelle que soit d'ailleurs sa proportion par rapport au charbon, le bois torréfié provenant de 1 stère de bois vert remplace, terme moyen, $0^{m.c.}$,45 du charbon de forêt qui proviendrait de la carbonisation de la même espèce de bois, tandis que la carbonisation de ce stère de bois en forêt ne donne, terme moyen, que $0^{m.c.}$,29 de charbon mesuré après le déchet de halle. Il est certain d'ailleurs, d'après les mêmes résultats, que le bois torréfié suffit seul à l'alimentation des hauts-fourneaux, c'est-à-dire qu'il peut y être employé seul sans mélange de charbon.

D'après cela l'économie de combustible qui résulte de l'emploi exclusif du bois torréfié est mesurée par la différence des nombres 45 et 29, c'est-à-dire qu'elle est de $35\frac{1}{2}$ p. o/o de la consommation primitive : c'est en effet celle que la pratique a donnée.

Pour réaliser cette économie il faut ne brûler que du bois torréfié; le chiffre de l'économie diminue à mesure que la proportion de charbon mélangé augmente elle-même.

Nous avons vu que la limite théorique de cette économie est d'environ 41 p. o/o, attendu que le bois torréfié provenant de 1 stère de bois vert peut produire à peu près autant de chaleur que $0^{m.c.}$,49 de charbon.

Cette limite n'est pas atteinte, parce que le bois torréfié, brûlé dans les hauts-fourneaux, y perd une plus grande partie de sa chaleur que le charbon, c'est-à-dire qu'une plus forte proportion de matières combustibles s'échappe avec les gaz, comme on le reconnaît à l'augmentation de la flamme du gueulard.

Économie d'argent qui peut résulter de l'emploi du bois torréfié dans les hauts-fourneaux.

Le bois torréfié qui provient de 1 stère de bois vert remplaçant $0^{m.c.}$,45 de charbon mesuré à la sortie de la halle, qui, à 29 p. o/o, provient lui-même de 1 stère $\frac{55}{100}$ de bois, l'emploi du bois torréfié produira une économie d'argent toutes les fois qu'il en coûtera moins pour acheter, rendre à l'usine, découper et torréfier 1 stère de bois, que pour acheter et carboniser 1 stère $\frac{55}{100}$, et pour amener à l'usine le charbon qui en proviendra.

Pour comparer ces dépenses je vais, comme je l'ai déjà fait, considérer le cas d'une usine placée, sous le rapport de la distance des coupes, dans les conditions les plus habituelles, et évaluer l'économie pour les différents prix du bois dans nos divers districts de forges.

Prix du bois torréfié. . . . . Par stère de bois vert.

Achat sur pied. . . . . *a.*

Abattage, façon, cordage. Déduction faite du produit de la vente des branchages, comme ci-dessus. . . . . $0^{fr.}$,30

Transport à l'usine. Dans le cas de l'emploi du bois vert et du bois desséché, j'ai supposé que le bois venait d'une distance moyenne de 10 kilomètres, et cette distance était suffisante, parce que ces bois n'étant employés que mélangés au charbon, il n'en faut pas une très-grande quantité, et on les tire des coupes les plus voisines. Pour le bois torréfié, qui peut être employé seul, il faut supposer une plus grande distance moyenne, soit alors 12 kilomètres, à 25 centimes l'un par 1.000 kilog., c'est par stère de 360k. 1fr.,08, soit en nombres ronds 1, 00. . . 1, 00.

Empilage à l'usine, comme ci-dessus. . . . . 0, 10.

Sciage et fente. . . . . comme ci-dessus. . . . . 0, 70.

Torréfaction. . . . . 0, 40.

Total. . . . . . a +2, 50.

C'est-à-dire que, pour abattre, façonner, rendre à l'usine, découper et torréfier un stère de bois, il faut dépenser 2 fr. 5o c.

Pour abattre, façonner, dresser et carboniser 1 stère de bois, et pour rendre à l'usine le charbon qui en provient, il faut, comme ci-dessus, 1 fr.

Ainsi l'économie résultant de l'emploi du bois torréfié est, par stère de bois employé, de $1.55 (a + 1) - (a + 2,50)$ ou $0,55 \times a - 0,95$.

Cette économie sera positive tant que le prix du stère de bois, sur pied dépassera 1 fr. 75 c.

Cela posé, soit un haut-fourneau qui, dans le travail au charbon seul, consommait 19 stères de bois par 1000 kilogrammes de fonte; par l'emploi exclusif du bois torréfié il réalisera $35 \frac{1}{2}$ p. o/o d'économie de combustible, et ne consommera plus que 12 stères $\frac{1}{4}$ de bois par 1000 kilogrammes de fonte. D'après cela

Le prix du stère de bois sur pied étant de $a =$ ...	fr. 2,00	2,50	3,00	3,50	4,00	4,5	5,00
Au charbon seul la dépense de combustible est par 1.000k. de fonte $19 (a+1)$, soit...	57,00	66,50	76,00	85,50	95,00	104,50	114,00
Au bois torréfié elle sera de 12 1/4 $(a+2,50)$, soit...	55,13	61,25	67,38	73,50	79,63	85,75	91,88
Economie d'argent par 1.000 k. de fonte, en francs..	1,87	5,25	8,62	12,00	15,37	18,75	22,12
Economie d'argent en centièmes de la dépense primitive p. o/o....	3,3	7,8	11,3	14	16	18	19,4

Ainsi, pour un haut-fourneau placé, relativement à la distance des coupes, dans les conditions moyennes que j'ai supposées, l'économie d'argent que peut produire l'emploi exclusif du bois torréfié, en remplacement du charbon de bois, varie de 2 fr. à 22 par 1000 kilogrammes de fonte, suivant que le prix du stère de bois sur pied varie de 2 fr. à 5 fr., soit de 3 à 20 p. o/o de la dépense primitive en combustible. Cela fait annuellement une économie de 2000 f. à 22,000 f. pour un fourneau dont la production annuelle est, terme moyen, de 1 million de kilogrammes de fonte (1).

Résumé de l'emploi du bois torréfié dans les hauts-fourneaux.

1° Le bois torréfié peut être employé dans les hauts-fourneaux avec ou sans mélange de charbon. Deux fourneaux, celui de Senuc et celui des Bièvres, travaillent au bois torréfié seul, l'un depuis vingt mois, l'autre depuis six. Plusieurs autres fourneaux travaillent depuis un an avec un mélange de charbon et de bois torréfié dans lequel le bois torréfié entre pour 8 à 9 dixièmes du volume total.

2° Pour cet emploi il n'a été fait aucune modification aux dimensions intérieures des fourneaux, ils sont restés ce qu'ils étaient pendant le travail au charbon seul ; il est probable pourtant qu'il y aurait avantage à faire quelques modifications, dans le but de permettre l'augmentation du volume de la charge, et d'activer la production.

3° Parmi ces fourneaux les uns sont au vent

---

(1) Généralement, soit un haut-fourneau qui, au charbon seul, consommait m stères de bois par 1000 kil. de fonte. Ces m stères coûtaient $m\,(a+1)$.

Au bois torréfié seul il consommera $0,65 \times m$ stères, qui coûteront $0,65\,m\,(a+2,50)$.

L'économie pécuniaire par 1000 kil. de fonte sera de
$$m\,(a+1) - 0,65\,m\,(a+2,50)$$
c'est-à-dire de $m\,(0,35\,a - 0,62)$.

chaud, les autres au vent froid; ces derniers sont en majorité. Avec le bois torréfié comme avec le charbon le vent chaud réalise une économie de combustible ; mais il n'est nullement une condition indispensable à l'emploi du bois torréfié, et il ne paraît pas plus favorable à l'emploi de ce combustible qu'à celui du charbon.

4° Pour remplacer le charbon par le bois torréfié on a en général diminué la charge de minerai, parce que les dimensions du gueulard et la hauteur de la cuve ne permettaient pas d'augmenter suffisamment le volume total de la charge pour laisser la charge de minerai ce qu'elle était auparavant : le volume total de la charge s'est trouvé néanmoins généralement augmenté. La descente des charges s'est accélérée.

5° L'allure des fourneaux est restée régulière, quelle que fût l'espèce de fonte produite, grise ou blanche, pour moulage ou pour forge. Cette allure ne présente pas d'accidents; il paraît même que l'emploi du bois torréfié n'a pas rendu les chutes de minerai plus fréquentes, et d'après cela on peut espérer qu'il n'en occasionnera nulle part, car le minerai des Ardennes, en grains isolés extrêmement petits, est de tous les minerais celui qui a le plus de facilité à traverser la masse de combustible.

6° Le rendement du minerai ne paraît pas avoir été modifié : dans plusieurs fourneaux les roulements antérieurs ne permettent pas de faire avec exactitude l'appréciation comparative de ces rendements; dans deux autres le rendement est plus considérable qu'il n'était pendant le travail au charbon seul, et cette augmentation est attribuée à l'influence du bois torréfié, mais il est plus probable qu'elle est due à une augmentation de richesse du minerai.

7° La qualité de la fonte et son aspect ne paraissent avoir subi aucune altération.

8° La production est restée à peu près la même ; cependant il est probable qu'elle a été un peu diminuée, ce à quoi, du reste, il sera facile de remédier.

9° L'économie de combustible est considérable.

Le bois torréfié qui provient de 1 stère de bois vert remplace genéralement $0^{m.c.}$,45 de charbon de forêt mesuré à la sortie de la halle, tandis que, carbonisé en forêt, ce stère n'eût rendu, terme moyen, que $0^{m.c.}$,29 après le déchet de halle. D'après cela l'économie de combustible résultant de l'emploi du bois torréfié est mesurée par la différence des nombres 45 et 29, c'est-à-dire que quand cet emploi est exclusif et sans mélange de charbon, l'économie est de $35\frac{1}{2}$ p. o/o de la consommation primitive.

Le bois torréfié provenant de 1 stère de bois vert peut produire environ autant de chaleur que $0^{m.c.}$,49 de charbon de forêt; s'il n'en remplace que $0^{m.c.}$,45, c'est parce qu'il brûle dans le haut fourneau moins utilement que le charbon, une plus forte proportion de matières combustibles s'échappant avec les gaz, comme on le reconnaît à l'augmentation de la flamme du gueulard. Ce chiffre $0^{m.c.}$,49 correspond au maximum théorique de l'économie, c'est-à-dire à 41 p. o/o environ.

10° L'économie d'argent est variable avec la distance des coupes et le prix des bois; elle est d'autant plus forte que le prix est plus élevé et la distance moindre. Pour un haut-fourneau situé, relativement à la distance des coupes, dans des conditions moyennes, l'économie de combustible résultant de l'emploi exclusif du bois torréfié varie, par 1000 kilogrammes de fonte, de 2 fr. à 22 fr., suivant que le prix du stère de bois sur pied varie de 2 fr. à 5 fr., soit de 3 à 20 p. o/o de la dépense en combustible qui a lieu au charbon seul ; et pour les prix de 3 fr. et 3 fr. 50, qui sont communs au plus grand nombre de nos forges, elle est de 8$^{fr.}$,6 et 12 fr., soit de 8,600 et 12,000 fr. par an pour une production annuelle de 1 million de kilogrammes.

CHAPITRE III.

EMPLOI DU BOIS TORRÉFIÉ DANS LES FEUX D'AFFINERIE.

La forge de Senuc est la seule qui, jusqu'ici, ait employé le bois torréfié ; elle est composée de deux feux, et fait partie de la même usine que le haut-fourneau dont j'ai déjà parlé.

Fonte. La fonte est blanc grisâtre, elle provient des hauts-fourneaux voisins et de celui de Senuc.

Bois de charbonnage. Le bois de charbonnage est du taillis de 18 à 20 ans, contenant $\frac{3}{5}$ d'essences dures ; la corde est le double stère.

Charbon. Six cordes, soit 12 stères, carbonisés en forêt, rendent 1 char, mesure de réception, qui, à l'entrée de la halle, contient 4 mètres cubes, ainsi le rendement, à l'entrée de halle, est de $\frac{1}{3}$ en volume. On admet, comme résultat général des roulements, que le déchet de la halle est de $\frac{1}{6}$ du charbon consommé, soit $\frac{1}{7}$ du charbon entré dans la halle ; d'après cela le rendement à la sortie de la halle serait de 28.6 p. o/o ; comme ce déchet de $\frac{1}{7}$ est un peu fort, et que de son admission résulte un léger boni de halle, j'admettrai 29 p. o/o (1).

---

(1) Sur les livres de l'usine, les consommations sont portées en charbon mesuré à l'entrée de la halle, et, pour cela, aux consommations réelles mesurées à la sortie, on

La mesure de consommation pour le charbon est la respe ; autrefois elle contenait $\frac{1}{12}$ de mètre cube, maintenant elle contient $\frac{1}{10}$, c'est-à-dire qu'elle est plus remplie. On a introduit cette modification, parce qu'ainsi remplie la respe ne peut plus être remplie davantage, de sorte qu'il est plus facile de surveiller la consommation de charbon.

Le bois livré à la torréfaction pour l'usage de la forge est presque uniquement du bois tendre et du menu de bois dur, par suite du triage qui réserve pour le haut-fourneau tout le bois dur en rondins. La torréfaction est poussée plus loin que pour l'usage des hauts-fourneaux ; elle enlève au bois, terme moyen, 50 p. o/o en volume (1). *(Bois torréfié.)*

Le vent est froid. *(Soufflerie.)*

Il n'a été fait, à la disposition des feux, aucune modification spéciale pour les approprier à l'emploi du bois. *(Feu.)*

Le fer produit est tantôt du fer marchand de tout échantillon, tantôt du fer en grosses barres de 15 centimètres de largeur sur 3 centimètres d'épaisseur, appelé fer à laminer, et destiné à être étiré entre des cylindres établis dans l'usine. Quant à la qualité, c'est du fer *métis*. *(Nature du produit.)*

Voici, comme exemple du travail au charbon seul, le roulement d'un feu pendant le mois d'avril 1836. Pendant ce mois il y a eu un chômage de plus d'une semaine. *(Travail au charbon seul.)*

---

ajoute $\frac{1}{6}$ pour déchet. Je rétablirai ici les consommations en charbon mesuré à la sortie de la halle, afin de continuer à suivre le mode que j'ai adopté dans le cours de ce mémoire.

(1) D'après les expériences que M. Sauvage a faites à Harraucourt, on peut admettre qu'à cette diminution de volume de 50 p. 0/0 correspond une diminution de poids d'environ 63 p. 0/0 pour le bois de six mois de coupe.

Charbon.   687 respes de $\frac{1}{2}$ de mètre cube $=$ 57$^{m.c.}$,25.

Fonte $\begin{cases} \text{gueuse . } 7.603_k \\ \text{débris . . } 2.733 \\ \text{bocage. . } 1.140 \end{cases}$ 11.476 k.

Fer $\begin{cases} \text{à laminer . } 741_k \\ \text{marchand . } 6.932 \end{cases}$ 7.673 k.

d'où, consommation par 1.000 kil. de fer presque entièrement marchand :

Fonte. . . .   1.495 ,
Charbon . .   7$^{m.c.}$,461 qui, à 210 k. l'un, pèsent 1 567 k.

Cette consommation de combustible est à peu près celle que donnent la plus grande partie des feux de forge qui, travaillant au vent froid, font du fer marchand.

Quand on ne faisait que du fer à laminer, la consommation de combustible était moindre de $\frac{1}{7}$ environ, soit, terme moyen, 6$^{m.c.}$,4, qui, à 29 p. o/o, provenaient de 22$^{st.}$,069 de bois.

L'emploi du bois torréfié a commencé à la fin de 1836, et s'est continué depuis sans interruption.

Travail au mélange de bois torréfié et de charbon.

On travaille avec un mélange de bois torréfié et de charbon, et on dit que l'emploi de cette petite quantité de charbon est uniquement due à l'insuffisance du nombre des fours de torréfaction ; c'est-à-dire qu'on admet que le travail pourrait se faire au bois torréfié seul, ce qui est assez probable, sans pourtant être appuyé sur aucune expérience précise.

Le bois torréfié paraît d'ailleurs employé indistinctement à tous les instants de l'opération.

Voici l'ensemble de deux mois, juin 1837, du feu n° 2, et septembre 1837, du feu n° 1.

Charbon de forét.   452 respes de $\frac{1}{10}$ de mètre cube $=$ 45$^{m.c.}$,20
Bois torréfié. . .   2.325 respes $=$ 232$^{m.c.}$,50 provenant de 4.672 res pes $=$ 467$^{m.c.}$,20 de bois vert découpé ce qui fait un rendement de 50 p. o/o. Ce bois découpé provenait lui-même à raison de 11 1/2 respes par stère de 406$^{st.}$,26 de bois cordé.

Fonte. . . {Gueuse. 51.845^k· } 53.383^k.
{Bocage.. 1.478 }
Ferraille.. . . . . . 60 }
Fer à laminer. . 37.004^k· soit par feu et par mois de 4 semaines
18.502^k.

Dans le volume total de combustible, le bois torréfié est entré pour 83 p. o/o.

Consommation par 1,000^k· de fer à laminer.

Fonte. . . 1.442^k.
Charbon de forêt. 1$^{m.c.}$,221 qui à 29 p. o/o proviennent de 4st·,210 de bois.
Bois torréfié. . . . 6$^{m.c.}$.283 provenant de 10st·976 de bois cordé qui à 29 p. o/o eussent donné en charbon de forêt 3$^{m.c.}$;183.

Consommation totale { Evaluée en bois. : . . 15st·,186
{ Evaluée en charbon . 4$^{m.c.}$·,404

Comparaison.

Lorsqu'on travaillait au charbon seul, le feu était découvert et la gueuse entrait par la rustine, comme cela a lieu encore dans la plupart de nos feux de forges.

Depuis qu'on emploie le bois torréfié, on a couvert le feu d'une voûte pour conduire la flamme aux caisses de torréfaction, et on a profité de cette chaleur perdue pour chauffer les gueusets qui, par suite, sont déjà à la chaleur rouge quand on les introduit dans le creuset; de plus, un changement apporté au montage des feux a, concurremment avec l'échauffement des gueusets, augmenté la production, et l'a élevée, de 12 mille kilogrammes, à 16 mille par mois de quatre semaines. Ces trois modifications ont dû nécessairement diminuer la consommation de combustible. D'un autre côté le bois, actuellement employé après torréfaction, est, à volume égal, de qualité bien inférieure à celle du bois, qui autrefois était carbonisé pour la forge, ce qui tend à diminuer l'économie résultant de l'emploi du bois torréfié, quand on apprécie cette économie par la considération des volumes. Pour ces raisons, il n'est pas possible de déduire de ces roulements une appréciation exacte de l'économie de combustible résultant de l'emploi du bois torréfié.

Si néanmoins on voulait faire cette comparaison d'après les chiffres précédents, on trouverait que l'économie aurait été de 31 p. o/o de la consommation primitive, et que le bois torréfié provenant de 1 stère de bois cordé aurait remplacé $0^{m.c.},47$ de charbon de forêt. Ces résultats sont trop élevés, et exagèrent les avantages du bois torréfié, et le rapport $0^{m.c.},47$ l'indique lui-même; car pour ce bois, dont la torréfaction a été poussée plus loin que celle du bois destiné aux hauts-fourneaux, et qui de plus contenait plus d'essences tendres que le charbon qu'il remplaçait, le maximum théorique serait inférieur à ce nombre.

De l'exemple de cette forge, je me bornerai donc à conclure :

1° Que l'affinage du fer au feu d'affinerie ordinaire paraît pouvoir se faire, sans inconvénients, avec un mélange de bois torréfié et de charbon, dans lequel le bois torréfié entre pour au moins les $\frac{4}{5}$ du volume total ;

2° Que cet emploi n'augmente ni le déchet ni la main-d'œuvre, et ne modifie ni la qualité ni la production ;

3° Qu'il donne une économie considérable de combustible, qui pourtant doit être moindre que dans les hauts-fourneaux, parce que la torréfaction doit être poussée plus loin, et par suite perdre plus de matières volatiles, et en outre parce qu'il est probable que les matières volatiles qui restent dans le bois torréfié, produisent moins d'effet utile à la forge qu'au haut-fourneau, où elles servent à l'échauffement et peut-être à la réduction du minerai.

QUATRIÈME PARTIE.

CHAPITRE PREMIER.

COMPARAISON DES RÉSULTATS OBTENUS DE L'EMPLOI DU
BOIS VERT, DESSÉCHÉ ET TORRÉFIÉ.

Comparons les résultats que donne le bois employé dans ces trois états dans les hauts-fourneaux.

1° L'emploi du bois torréfié est tout à fait usuel, et il a lieu depuis assez longtemps dans un assez grand nombre de hauts-fourneaux pour que ses avantages soient tout à fait hors de doute, et leur mesure à peu près certaine ; l'emploi du bois vert est à l'état de pratique régulière depuis assez longtemps déjà, mais dans un petit nombre de fourneaux, en ne tenant compte que de ceux qui l'emploient en assez forte proportion ; enfin l'emploi du bois desséché doit être regardé comme n'étant pas encore à l'état de pratique tout à fait régulière, quoiqu'il ait lieu depuis assez longtemps déjà, et dans un assez grand nombre de hauts-fourneaux.

2° Un stère de bois taillis employé dans les hauts-fourneaux y remplace $0^{m.c.},50$ de charbon de forêt quand il est employé vert ou desséché, et $0^{m.c.},45$ seulement quand il est employé après torréfaction, tandis qu'à la carbonisation en forêt il n'eût donné, terme moyen, que $0^{m.c.},29$ de charbon mesuré au moment de l'emploi, après le déchet de halle.

Ainsi le bois produit un peu plus d'effet utile employé vert ou desséché qu'employé après torréfaction, ce qui est dû à la perte de combustible résultant de la torréfaction elle-même.

3° Mais le bois torréfié peut être employé seul, sans mélange de charbon, tandis que les bois verts ou desséchés n'ont jusqu'ici été employés avec avantage que mêlés au moins à volume égal de charbon, les résultats obtenus avec une plus forte proportion de bois vert ou desséché étant ou incertains ou désavantageux.

4° D'après cela l'économie de combustible résultant de l'emploi exclusif du bois torréfié est mesurée par la différence des nombres 45 et 29, c'est-à-dire qu'elle est de 35 à 36 p. o/o de la consommation primitive; tandis que l'emploi du bois vert ne donne qu'une économie de 14 p. o/o, soit $\frac{1}{7}$, et le bois desséché une économie de 17 p. o/o, soit $\frac{1}{6}$, lorsque ces deux combustibles sont mêlés à volume égal de charbon (1).

5° L'économie d'argent est variable avec la distance des coupes et le prix des bois ; elle est d'autant plus forte que le prix est plus élevé et la distance moindre.

Pour un haut-fourneau placé dans les conditions moyennes relativement à la distance des coupes, et suivant que le prix du stère de bois sur

---

(1) La différence entre ces nombres **14** et **17**, vient de ce qu'à cause de la diminution de volume opérée par la dessiccation, l'emploi du bois desséché, à la proportion de moitié du volume total du combustible, correspond à une proportion de bois en nature plus considérable que celle qui est représentée par l'emploi du bois vert mêlé de même à son volume de charbon.

pied varie de 2 fr. à 5 fr., l'économie d'argent
par 1.000 kilog. de fonte varie :

<table>
<tr><td></td><td>fr.   fr.</td><td></td></tr>
<tr><td>Au bois vert, de . . .</td><td>4 à 12</td><td rowspan="2">Ces deux combustibles étant
employés mélangés à volume
égal de charbon.</td></tr>
<tr><td>Au bois desséché, de. .</td><td>3 à 13</td></tr>
<tr><td>Au bois torréfié, de. .</td><td>2 à 22,</td><td>pour un emploi exclusif de bois
torréfié sans mélange de charbon.</td></tr>
</table>

6° Ainsi, en comparant le bois vert au bois
desséché : on voit d'une part, que la dessiccation
préalable n'augmente pas l'effet utile du bois, ce
qui indique que la vaporisation de l'eau hygrométrique du bois vert n'enlève à la cuve aucune portion de chaleur qui eût pu être utilisée dans le
fourneau, ou du moins que cette portion de chaleur est compensée par la perte de matières combustibles, qui résulte du commencement de distillation qui suit la dessiccation du bois à l'étuve ;
d'autre part, qu'à la proportion à laquelle ils sont
employés maintenant, le bois vert et le bois desséché donnent tous deux à peu près la même économie pécuniaire. D'après cela, si on ne parvient
pas à employer le bois desséché en beaucoup plus
forte proportion que le bois vert, il faudra préférer
le bois vert, afin d'éviter les frais d'établissement
des appareils de dessiccation.

7° Quant à la comparaison à faire entre le bois
vert et le bois torréfié, on voit que le bois vert a
deux avantages, celui de l'économie de main-
d'œuvre et de frais d'établissement, et celui d'un
plus grand effet utile du bois; mais le bois torréfié
a, dans l'état actuel des expériences faites, un avantage plus grand, celui de pouvoir être employé
seul, sans mélange de charbon, ce qui augmente
considérablement l'économie d'argent et double
à peu près l'économie définitive de combustible.

Dans cet état de choses, l'emploi du bois torréfié est plus avantageux que l'emploi du bois vert, jusqu'à ce que de nouveaux essais, ou une pratique plus prolongée, aient appris à employer avantageusement le bois vert en proportion beaucoup plus considérable que celle de moitié du volume total du combustible, qui ne correspond qu'au remplacement d'un tiers de la quantité primitive de charbon.

Il est donc à désirer que l'emploi du bois torréfié se propage rapidement, mais il faut désirer aussi que l'emploi du bois vert soit continué dans les usines où il a lieu maintenant, et essayé dans d'autres, car peut-être l'avenir est à lui; il est permis d'ailleurs d'espérer qu'il en sera ainsi, c'est-à-dire que la supériorité actuelle du bois torréfié ne fera pas négliger le bois vert, car il y a en France un très-grand nombre de hauts-fourneaux qui ne sont pas exploités par leurs propriétaires, et beaucoup de locataires devront préférer l'emploi du bois vert à celui du bois torréfié, afin de n'avoir pas à établir les appareils de torréfaction.

Quant à ce qui concerne les feux d'affinerie : le bois vert n'y est encore qu'à l'état d'essai tout à fait nouveau, et dans un seul feu ; le bois torréfié y est employé avec succès et économie, mais seulement dans deux feux d'une même usine ; le bois desséché y est employé d'une manière usuelle et avantageuse dans plusieurs forges : de sorte que dans cet état de choses il est impossible d'établir avec exactitude aucune comparaison entre ces trois combustibles relativement à leur emploi dans les feux d'affinerie.

CHAPITRE II.

APERÇU DE L'INFLUENCE QUE L'EMPLOI DU BOIS PEUT
EXERCER SUR L'INDUSTRIE DU FER.

Je terminerai ce mémoire en disant quelques mots de l'influence que l'emploi du bois en nature peut exercer sur l'industrie du fer.

Conséquences relatives à la position des usines.

Tant que les hauts-fourneaux n'ont consommé que du charbon, on a dû rechercher pour leur établissement le voisinage des minières plutôt encore que le voisinage des forêts, car le minerai pèse plus que le charbon qu'ils consomment. En effet, le poids de minerai lavé, nécessaire pour obtenir 1.000 kil. de fonte, varie généralement de 2.500 à 4.000 kil., tandis que le poids du charbon varie seulement entre 1.100 et 1.600 kil.

Il n'en sera plus de même pour les hauts-fourneaux qui ne consommeront que du bois, car le poids de bois consommé par 1.000 kil. de fonte variera de 3.500 à 5.000 kil., à raison de 10 à 15 stères, pesant 350 kil. l'un.

D'ailleurs un grand nombre de hauts-fourneaux se trouvent à la fois loin des minières et des forêts, obligé qu'on a été de s'en éloigner, pour trouver dans un cours d'eau la force motrice nécessaire pour la soufflerie.

Une innovation récente, et dont le succès a été complet, l'emploi de la chaleur du gueulard pour chauffer une machine à vapeur soufflante, permet d'augmenter beaucoup, pour les usines à créer, l'économie d'argent résultant de l'emploi du bois en nature : en effet, la force motrice des cours d'eau devient inutile, et, autant que le permettent les minières, on peut placer les hauts-fourneaux au milieu même des coupes dont ils doivent consommer les produits.

Il n'existe encore aucun haut-fourneau dont la chaleur perdue soit à la fois employée à chauffer le vent, produire la vapeur d'une soufflerie, et torréfier le bois; mais d'après les calculs théoriques qu'on peut faire à ce sujet, et surtout d'après l'exemple des fourneaux où la chaleur du gueulard, quoique souvent assez mal employée, sert à la fois à chauffer le vent et à dessécher ou torréfier le bois, il me paraît hors de doute que cette chaleur suffirait en outre à chauffer une machine à vapeur, à laquelle il ne faudrait généralement que 7 à 8 chevaux de force, et qui alors serait plus forte que la plupart des souffleries des hauts-fourneaux au charbon de bois.

Il est bon d'observer d'ailleurs que l'établissement de cette machine à vapeur soufflante n'est pas plus coûteux que l'établissement d'une roue hydraulique et de sa soufflerie, et que l'entretien seul occasionnera un peu plus de dépense.

Combinée avec l'emploi du bois en nature, cette innovation présentera de grands avantages aux usines qui s'établiront dans une position convenable, et sous l'influence de ces nouveaux procédés il y aura même quelques anciennes usines qui auront intérêt à se déplacer pour aller chercher une position meilleure.

Conséquences relatives à la quantité de fer qu'on peut fabriquer en France.

En Angleterre, où la fonte et le fer se fabriquent à la houille, la production du fer peut s'élever indéfiniment avec les besoins, et n'a d'autre limite que l'épuisement très-éloigné des houillères et des minerais. Mais dans les pays, comme la France, qui fabriquent le fer au charbon de bois, la fabrication est limitée par la production annuelle des forêts.

La production totale de fonte a été en France, en 1836, de 3oo.ooo tonnes (de 1.ooo kil. l'une), dont 260.000 au charbon de bois et 40.000 (soit seulement de $\frac{1}{7}$ à $\frac{1}{8}$ du total) au coke et à la houille.

La fabrication de la fonte au combustible minéral augmentera, et sa proportion, par rapport à la fabrication totale, augmentera même probablement; néanmoins comme, d'après la constitution géologique de notre sol, nos minerais les meilleurs et les plus abondants sont dans des contrées dépourvues de houille et assez bien boisées, tandis que nos plus riches bassins houillers manquent de minerai, la plus grande partie de la fonte française devra toujours être fabriquée au bois.

Quant à l'affinage de la fonte, il commence à se faire à la houille, et son avenir est de s'y faire presque partout, afin de réserver le bois pour la production de la fonte, parce que la qualité du fer est beaucoup moins altérée par l'affinage de la fonte à la houille qu'elle ne le serait par la production de la fonte avec ce combustible.

D'après cela, la plus grande partie de la fonte française devra toujours être fabriquée au bois; et par suite, au delà d'un certain terme, sa fabrication, limitée par la production annuelle des forêts, ne pourra plus croître que par l'économie de combustible apportée dans cette fabrication elle-même.

Le remplacement du charbon par le bois en nature offre dès à présent, à l'aide du procédé de torréfaction, le moyen d'économiser de 35 à 36 p. o/o de la consommation de combustible, telle qu'elle est par l'emploi exclusif du charbon ; ainsi, l'emploi général du bois torréfié laisserait disponible 35 à 36 p. o/o de la quantité de bois qui sert actuellement à la production de la fonte, et en employant cet excédant à la fabrication de la fonte, on pourrait augmenter la production actuelle de 50 à 60 p. o/o, ou d'environ 140.000 tonnes (1).

Pour cela il faudrait, d'une part, que tous les hauts-fourneaux fussent, eu égard aux coupes de bois qui les alimentent, en mesure d'employer le bois en nature ; d'autre part, que tout cet excédant de fonte ne fût affiné qu'à la houille. Il est évident qu'il ne peut en être actuellement ainsi ; mais néanmoins on peut compter sur la possibilité de la réalisation d'une partie notable de cette augmentation. En admettant, par exemple, $\frac{1}{3}$ seulement, ce serait un accroissement d'environ 40.000 tonnes dans notre production annuelle de fer ; et ce serait de quoi fournir à la construction annuelle de 80 lieues de chemin de fer à deux voies, ce qui dépasse probablement de beaucoup ce que nous ferons jamais.

---

(1) Autrement, les 260.000 tonnes fabriquées maintenant consomment, à raison de 19 stères par tonne, terme moyen, 5.000.000 stères de bois de charbonnage ; en remplaçant entièrement le charbon par le bois torréfié, on ne consommerait plus que 12 stères $\frac{1}{4}$ par tonne ; ainsi les 260.000 tonnes exigeraient 3.200.000 stères de bois : il resterait donc disponible 1.800.000 stères, avec lesquels, à raison de 12 $\frac{1}{4}$ par tonne, on pourrait fabriquer 140.000 tonnes.

Conséquences relatives au prix de la fonte et du fer.

L'économie d'argent qui peut résulter de l'emploi du bois en nature sera toujours moindre que l'économie de combustible, à cause des frais de transport et de main-d'œuvre. Cette économie d'argent fût-elle nulle, l'emploi du bois en nature serait encore une innovation importante pour l'intérêt général et pour l'intérêt particulier des maîtres de forges : pour l'intérêt général, parce qu'elle fournirait le moyen de remplacer dans la production du fer une partie du combustible par de la main-d'œuvre et des frais de transport, et d'augmenter par suite cette production ; pour l'intérêt particulier des maîtres de forge, en ce qu'elle rapproche les coupes, dont ils doivent surveiller l'exploitation, et surtout en ce qu'elle concentre toutes leurs opérations à l'usine, tandis que maintenant la carbonisation, l'opération la plus importante de leur industrie, se fait loin de leur surveillance, et est livrée presque sans contrôle à de simples ouvriers.

Mais cette économie d'argent est loin d'être nulle. En ne parlant ici que du bois torréfié, et en considérant seulement les hauts-fourneaux situés dans des conditions moyennes, relativement à la distance des coupes, l'économie d'argent, résultant de l'emploi exclusif du bois torréfié, varie, par 1.000 k. de fonte, de 2 fr. à 22 fr. suivant que le prix du stère de bois sur pied varie de 2 fr. à 5 fr., soit de 3 à 20 p. o/o de la dépense de combustible, telle qu'elle est au charbon seul, et de 2.000 à 22.000 par an pour un haut-fourneau, dont la production annuelle est, terme moyen, de 1 million de kilog. Cette économie d'argent sera plus considérable pour un grand nombre de hauts-fourneaux qui sont plus rapprochés de leurs coupes, pour ceux qui pourront recevoir leur bois par flottage, et surtout pour ceux qui seront établis au milieu même des forêts, comme l'emploi des souffleries à vapeur permet de le faire en rendant inutile la force motrice des cours d'eau.

Cette diminution des frais de production tendra à abaisser le prix de vente de la fonte du fer.

Le prix de revient de la fonte de forge fabriquée au charbon de bois varie actuellement en France de 100 fr. à 200 fr. les 1.000 k., suivant le prix des minerais, et surtout suivant le prix des bois; et il est, terme moyen, d'environ 150 fr. pour le prix de 3 fr. 50 par stère de bois sur pied, prix qui est commun à la plus grande partie de nos districts de forges (1).

Les hauts-fourneaux qui produisent actuellement la fonte à ce prix de 50 fr. trouveront, dans le remplacement complet du charbon par le bois torréfié, une économie moyenne de 12 fr. par tonne, soit 8 p. o/o du prix actuel de revient.

Pour ceux qui payent le bois plus cher et qui produisent la fonte à raison de 180 à 200 fr. la

---

(1) *Bois.* 19 stères à 3 fr. 50 d'achat sur pied, et 1 fr., terme moyen, pour abattage, façon, carbonisation et transport du charbon. 85,5
Minerai. Le prix du minerai est très-variable. Il varie de 5 à 20 fr. la tonne, et il en faut généralement de $2\frac{1}{2}$ à 4 tonnes par tonne de fonte. La dépense moyenne en minerai est généralement de 35,00
Frais générhux de toute sorte, y compris la main-d'œuvre. Ils varient généralement de 15 à 40 fr., soit. 30,00

Total du prix de revient. 150,50

tonne, l'économie sera plus considérable, et s'élè-
vera jusqu'à 12 p. o/o de la dépense actuelle.

Cette économie d'argent est assez considérable,
on voit pourtant qu'elle n'est pas de nature à produire de suite une diminution notable dans le prix
de vente des fontes et des fers ; et jusqu'à ce que
l'adoption de ces procédés soit devenue générale,
la plus grande partie du bénéfice qui en résultera
se partagera sans doute entre les maîtres de forges
et les propriétaires de bois.

TABLE DES MATIÈRES

PREMIÈRE PARTIE.

DU BOIS VERT.

CHAPITRE I. — *Découpage du bois vert.*

CHAPITRE II. — *Emploi du bois vert dans les hauts-fourneaux.*

CHAPITRE III. — *Emploi du bois vert dans les feux d'affinerie.*

DEUXIÈME PARTIE.

DU BOIS DESSÉCHÉ.

CHAPITRE I. — *Dessiccation du bois. — Découpage du bois desséché.*

CHAPITRE II. — *Emploi du bois desséché dans les hauts-fourneaux.*

CHAPITRE III. — *Emploi du bois desséché dans les feux d'affinerie.*

TROISIÈME PARTIE.

DU BOIS TORRÉFIÉ.

CHAPITRE I. — *Torréfaction.*

CHAPITRE II. — *Emploi du bois torréfié dans les hauts-fourneaux.*

CHAPITRE III. — *Emploi du bois torréfié dans les feux d'affinerie.*

QUATRIÈME PARTIE.

CHAPITRE I. — *Comparaison des résultats obtenus de l'emploi du bois vert desséché ou torréfié.* 181

CHAPITRE II. — *Aperçu de l'influence que l'emploi du bois en nature peut exercer sur l'industrie du fer.*

FIN DE LA TABLE.

Fig. 3.
Coupe verticale d'un séchoir suivant m n des fig. 1 et 2. 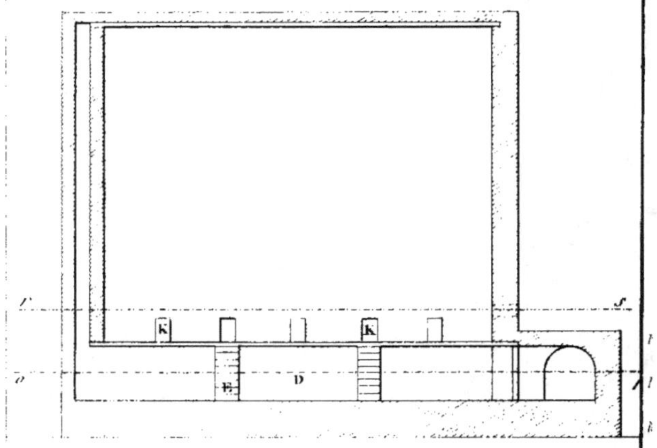
K
K
E
D
Fig. 1.
Coupe horizontale d'un séchoir suivant o p de la fig. 3.
G
E
E
A
B
E
E
m

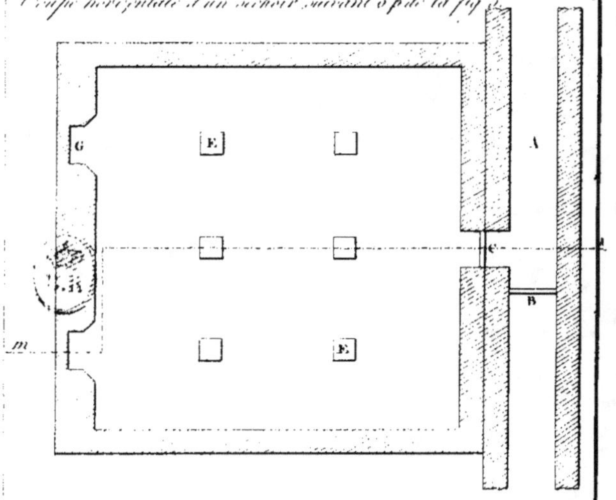

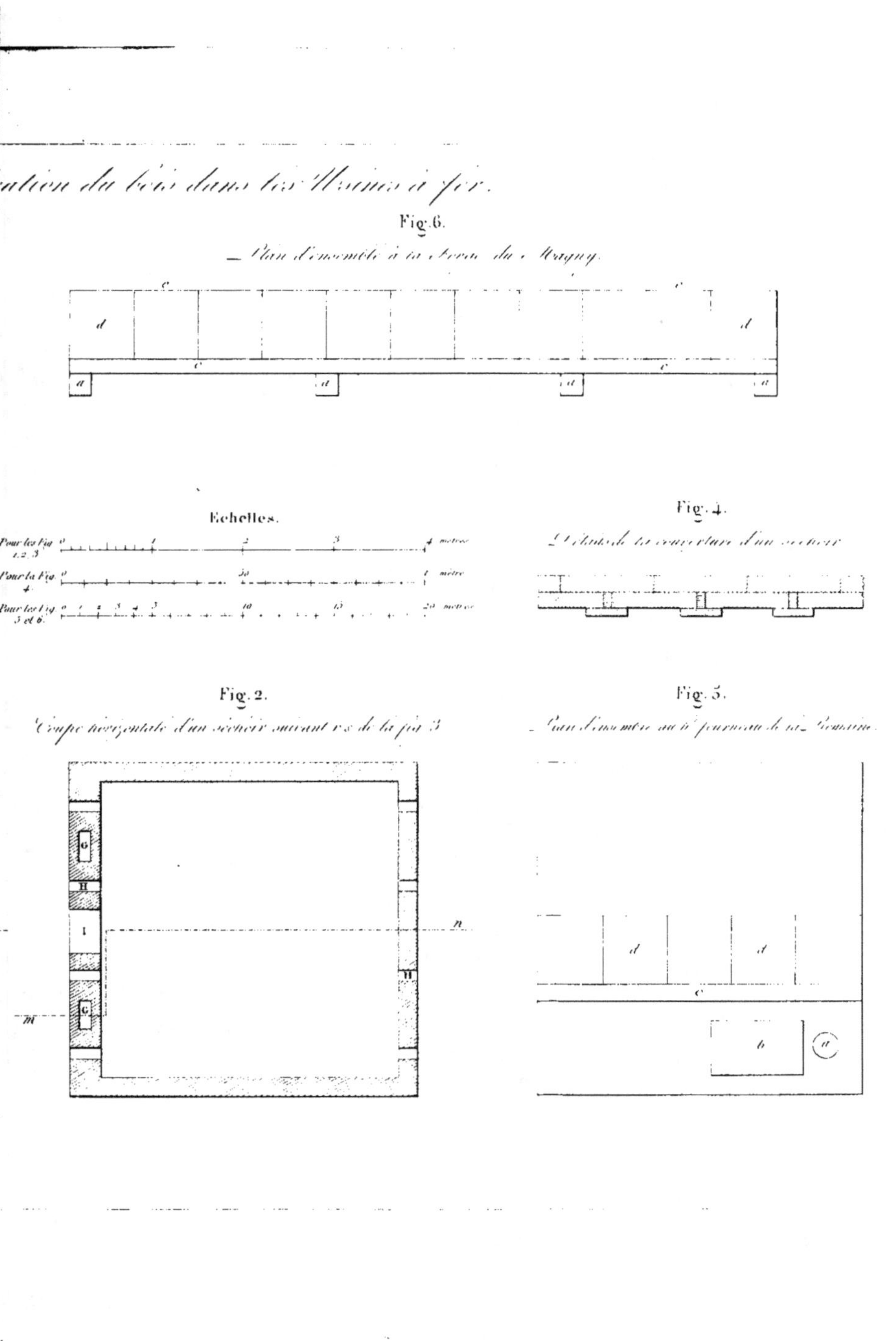

ation du bois dans les Usines à fer.
Fig. 6.
Plan d'ensemble à la forge du Magny.
Echelles.
Pour les Fig. 1. 2. 3
Pour la Fig. 4
Pour les Fig. 5 et 6.
Fig. 4.
Fig. 2.
Coupe horizontale d'un séchoir suivant rs de la fig. 3
Fig. 5.